インプレス R&D [NextPublishing]

技術の泉 SERIES
E-Book / Print Book

Firebaseによる
サーバーレスシングルページ
アプリケーション

小島 佑一 | 著

動画シェアサイトを題材に
FirebaseとReactによる
SPA開発を学ぶ！

技術の泉
SERIES

目次

はじめに ………………………………………………………………… 5

本書のターゲット ……………………………………………………… 5

本書が触れない範囲 …………………………………………………… 5

本書の見方 ……………………………………………………………… 5

リポジトリー …………………………………………………………… 5

免責事項 ………………………………………………………………… 6

表記関係について ……………………………………………………… 6

底本について …………………………………………………………… 6

第1章　Firebase …………………………………………………… 7

1.1　Firebaseについて ……………………………………………… 7

1.2　料金について ……………………………………………………… 7

第2章　アプリケーションの構築 ………………………………… 9

2.1　セットアップとデプロイ ………………………………………… 9

2.1.1　Reactプロジェクトの新規作成 …………………………… 9

2.1.2　Firebaseのセットアップ ………………………………… 10

2.1.3　デプロイ …………………………………………………… 15

第3章　認証 …………………………………………………………… 16

3.1　Googleアカウントによる認証 ………………………………… 16

3.1.1　Googleアカウントによる認証を有効化する …………… 16

3.1.2　FirebaseのSDKをアプリケーションに追加しよう …… 17

3.1.3　Googleアカウントによる認証の実装 …………………… 20

3.1.4　ヘッダー画面の作成 ……………………………………… 20

3.1.5　ログインボタンをクリックして、Googleアカウントでログインする ……………… 23

第4章　Cloud Storageによるコンテンツの管理 ……………… 28

4.1　Cloud Storageについて ……………………………………… 28

4.2　コンテンツを保存する …………………………………………… 28

4.2.1　Firebaseのコンソール画面から、Cloud Storageを開始する ……… 28

4.2.2　アップロードボタンの追加 ……………………………… 29

4.2.3　アップロード画面のコンポーネント作成 ……………… 32

4.2.4　アップロード画面への遷移 ……………………………… 32

4.2.5　動画ファイルをアップロードして、Cloud Storageに保存する ……… 37

第5章　Firestoreによるデータベース管理 …………………… 42

5.1　NoSQLデータベースとFirestore ……………………………… 42

5.1.1　NoSQLデータベースについて ………………………… 42

2 ｜ 目次

	5.1.2	なぜNoSQLデータベース?	43
	5.1.3	Firestore について	44

5.2 本アプリケーションのDB設計 ·· 45

5.3 保存した動画のメタデータの保存と動画再生 ····················· 46
5.3.1	Firestore のセキュリティールールを設定	46
5.3.2	動画のメタデータを Firestore に保存する	47
5.3.3	アップロード時にローディングを表示する	51
5.3.4	動画を再生する	53

第6章 Cloud Functions によるサーバーレスなバックエンド処理 ·········· 60

6.1 サーバーレスと Cloud Functions について ························· 60
6.1.1	サーバーレスとそのメリット	60
6.1.2	サーバーレスのデメリット	61
6.1.3	Cloud Functions について	61

6.2 Cloud Functions のセットアップとデプロイ ······················ 62
6.2.1	セットアップ	62
6.2.2	デプロイ	63

6.3 新規登録時に、ユーザー情報を保存する ···························· 65
6.3.1	関数のランタイムを変更	65
6.3.2	イベントトリガーの変更	66
6.3.3	認証用のアカウント情報を取得する	66
6.3.4	新規登録ユーザーの情報を保存する関数の実装	67

6.4 トランスコード処理の概要 ··· 68

6.5 トランスコード関数の実装 ··· 69
6.5.1	トランスコード処理に必要なライブラリーの追加	69
6.5.2	トランスコード処理の実装	70
6.5.3	テスト	77

6.6 動画メタデータのコピー ·· 78
| 6.6.1 | メタデータをコピーする関数の実装 | 79 |

第7章 セキュリティールール ··· 86

7.1 セキュリティールールを記述する ······································· 86

7.2 セキュリティールールの実装 ··· 86
7.2.1	match 文によるドキュメントに対するアクセス権限の指定	88
7.2.2	関数定義	88
7.2.3	allow 式によるドキュメントに対する各操作の許可設定	88

7.3 セキュリティールールの本番反映 ······································· 88

7.4 セキュリティールールのシミュレーション ························· 88
7.4.1	未認証ユーザーが、Videos コレクションに対して、GET リクエスト	89
7.4.2	認証ユーザーが、Videos コレクションに対して、GET	90
7.4.3	管理人ユーザーが、ある別のユーザーの Videos サブコレクション内にある Video ドキュメントを DELETE	91

第8章 Reduxの導入とFirebaseとの連携 ······························ 92

8.1 なぜReduxを導入するのか? ·· 92

8.2 Reduxに登場する重要な概念 ··· 92

8.2.1	State	92
8.2.2	Store	92
8.2.3	Action	93
8.2.4	Action Creator	93
8.2.5	Reducer	93

8.3　Redux と Firebase の組み合わせについて ………………………………………… 93

8.4　react-redux-firebase の導入と Store の実装 ……………………………………… 93

8.4.1	ライブラリのインストール	93
8.4.2	Store の実装	94

8.5　コンポーネントと Redux の連携 ……………………………………………………… 96

8.6　動画メタデータの一覧取得 …………………………………………………………… 98

8.7　ユーザー認証 …………………………………………………………………………… 103

8.7.1	Redux のメリット	107
8.7.2	react-redux-firebase のメリット	107

おわりに ……………………………………………………………………………………… 109

ご意見・フィードバック …………………………………………………………………… 109

Spacial Thanks ……………………………………………………………………………… 109

はじめに

　本書は、シングルページアプリケーションを作成を通じて、Firebaseとは一体どんなサービスなのか、そして何ができるのかを体系立てて解説するものです。著者は個人開発に興味があり、自作のWebサービスを何か公開したいという気持ちがありました。そんな中出会ったFirebaseは、自分の目的を実現するための最適なツールであると強く感じて興味を持ったのが本書を書くに至った理由です。

本書のターゲット

　本書のターゲットは、次のような方を想定しています。
・Firebaseは名前は聞いたことがあるが、実際に触ったことはない人
・JavaScriptだけでWebアプリケーションを開発してみたい人
・Firebaseと何かモダンなJSフレームワークを組み合わせてアプリケーションを開発してみたい人
・サーバーサイドだけでなく、フロントエンドの開発にも興味がある人

本書が触れない範囲

　主に著書の力不足とページ数の都合によるところが大きいですが、本書では次についての詳細は触れません。
・主に開発用途のサービスのみを取り上げ、Firebaseの全てのサービスは対象外
・Firebaseのデータベースサービスはベータ版のFirestoreを扱い、Realtime Databaseは対象外
・一部にマテリアルデザインによるCSSを使用しますが、洗練されたUIの実現は取り扱いません
・Jest、Mocha、Chaiなどを用いたテストコードは含まれていません

本書の見方

　読み進めていく過程で、実装の一部分を変更していきます。その際に、実装の追加部分は行の先頭に+から始まり、削除部分は先頭に-から始まります。

リスト1: 変更の例
```
1: - console.log('fuga');
2: + console.log('hoge');
```

リポジトリー

　本書に掲載されたコードと正誤表などは、次のリポジトリーで公開しています。
・https://github.com/samuraikun/firebase-youtube-clone

免責事項

　本書に記載された内容は、情報の提供のみを目的としています。したがって、本書を用いた開発、製作、運用は、必ずご自身の責任と判断によって行ってください。これらの情報による開発、製作、運用の結果について、著者はいかなる責任も負いません。

表記関係について

　本書に記載されている会社名、製品名などは、一般に各社の登録商標または商標、商品名です。会社名、製品名については、本文中では©、®、™マークなどは表示していません。

底本について

　本書籍は、技術系同人誌即売会「技術書典5」で頒布されたものを底本としています。

第1章　Firebase

1.1　Firebaseについて

Firebaseは、一連の機能のサービス群を提供するGoogle社のサービスです。サービスの内容は認証、データベース、ストレージからサーバーレスコンピューティングや機械学習など、多岐にわたります。

またFirebaseのサービスはGoogleがメンテナンスしており、基本的にスケーラビリティ等のインフラ部分をユーザーが気にする必要はありません。この大きな特徴があるため、Firebaseを利用するデベロッパーはインフラ部分をFirebaseに任せ、アプリ開発に集中することができるという大きなメリットがあります。これにより、Firebaseではサーバーサイドの処理をほとんど書かなくても、大規模向けはともかくプロトタイプ程度のWebアプリケーションであれば、かなりスピーディーに開発することが可能です。

具体的に、今回利用するのは次のサービスです。

- Hosting
    - —本番環境として静的サイトをデプロイして公開する
    - —SSL対応しており、独自ドメインの追加も可能
- Authentication
    - —Googleアカウントによる認証と、匿名認証を行うために使用
    - —その他にも、FacebookやTwitterによる認証も可能
- Cloud Storage
    - —画像や動画など静的コンテンツの保存を行う
- Firestore
    - —ドキュメント指向型のNoSQLデータベース
    - —類似サービスとして下位互換のRealtime Databaseがある
- Cloud Functions
    - —HTTPやその他サービスのイベントをフックにバックエンド処理を行う
    - —オートスケールにも対応しており、いわゆるサーバーレスと言われるサービス

1.2　料金について

表1.1: Firebaseの料金

	Spark プラン	Flame プラン	Blaze プラン
料金	無料	$25/月	従量制

無料プランと有料プランには、料金面以外でいくつか大きな違いがあります。今回利用するサービスの中ではCloud Functionsがそれにあたります。無料プランのCloud Functionsでは外部のAPIを使うことができず、Googleが提供するサービスのAPIしか使えないという制限について、留意する必要があります。

第2章　アプリケーションの構築

2.1　セットアップとデプロイ

今回使用する技術要件は次のとおりです。

・React.js

・Firebase

2.1.1　Reactプロジェクトの新規作成

create-react-appをインストール

Webpackの設定など、Reactアプリケーションを動作させるために必要な設定を行うツールです。

```
npm install -g create-react-app
```

プロジェクトの作成

次のコマンドで、プロジェクトを自動生成します。

```
create-react-app project名

// ...中略
Done in 27.48s.

Success! Created project名 project名のパス
Inside that directory, you can run several commands:

yarn start
Starts the development server.

yarn build
Bundles the app into static files for production.

yarn test
Starts the test runner.

yarn eject
Removes this tool and copies build dependencies, configuration files
and scripts into the app directory. If you do this, you can' t go back!

We suggest that you begin by typing:

cd /Users/samuraikun/src/github.com/samuraikun/firebase-youtube-clone
```

```
yarn start

Happy hacking!
```

生成が完了したら、ローカルで正しくアプリケーションが動作することを確認してください。

```
npm start
```

ReactのWelcome画面が表示されます。

図2.1: welcome_to_react

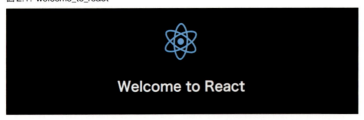

2.1.2 Firebaseのセットアップ

Firebaseプロジェクトの新規作成

https://console.firebase.google.com/ から、「プロジェクトを追加」の部分をクリックし、新規プロジェクトを作成します。

図2.2: create_new_firebase_project

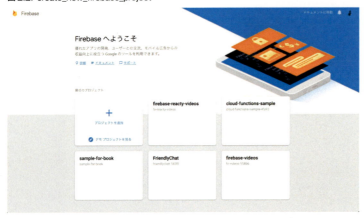

次に、プロジェクト名とリージョンを選択します。今回のプロジェクト名は

firebase-youtube-cloneにします。Firestore のリージョンは、東京リージョンを指す
asia-northeast1を選択します。

図2.3: setting_firebase_project

次に、ターミナル上の操作に移ります。

Firebase の CLI ツールをインストールする

次のコマンドで Firebase の CLI ツールをローカル環境に追加します。インストールが完了すると、バージョンが確認できます。

```
npm install -g firebase-tools
firebase --version
4.2.1
```

認証の設定

CLI ツールから各種操作を行うため、Google アカウントによる認証を行います。コマンドを実行するとブラウザーが立ち上がり、Google アカウントによる認証ができます。

```
firebase login
```

設定ファイルの用意

先程作成したプロジェクトのルートディレクトリーに移動し、Firebase を使用するための設定を次のコマンドで実行します。

```
firebase init
```

create-react-app コマンドでプロジェクトを作成した時と同様に、Firebase もいくつか設定を行う必要があります。

使用する機能の選択

最初に、Firebase のどの機能を利用するかを選びます。今回は、Database（Realtime Database）を除いた機能を利用するので、スペースキーを押して選択状態にし、Enter を押します。

図2.4: chose_firebase_service

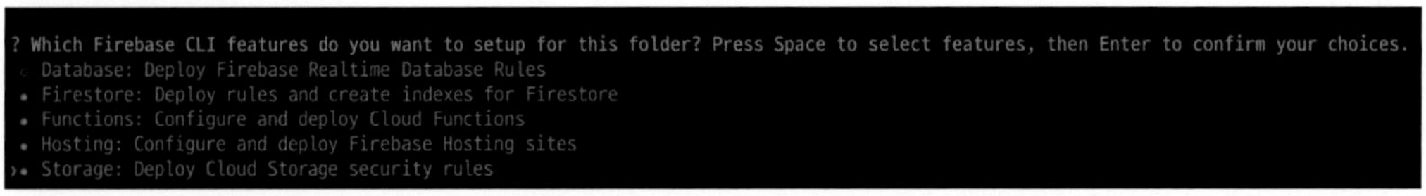

```
? Which Firebase CLI features do you want to setup for this folder? Press Space to select features, then Enter to confirm your choices.
   Database: Deploy Firebase Realtime Database Rules
 ● Firestore: Deploy rules and create indexes for Firestore
 ● Functions: Configure and deploy Cloud Functions
 ● Hosting: Configure and deploy Firebase Hosting sites
 ❯● Storage: Deploy Cloud Storage security rules
```

使用する Firebase プロジェクトを指定する

次に、Firebase 上のどのプロジェクトと結びつけるかを設定します。

図2.5: chose_firebase_project

```
? Select a default Firebase project for this directory:
  miminga (miminga-6fdab)
  firebase-reacty-videos (fir-reacty-videos)
  firebase-videos (fir-videos-558b6)
> firebase-youtube-clone (fir-clone-a8b40)
  sample-for-book (sample-for-book)
  FriendlyChat (friendlychat-180f0)
  [create a new project]
(Move up and down to reveal more choices)
```

Firestore の設定

　各種機能のルールを設定するためのJSONファイルとインデックスの設定ファイルを生成するか聞かれるので、これらは全てYesでひたすらEnterしていきます。

図2.6: firestore_setting

```
=== Firestore Setup

Firestore Security Rules allow you to define how and when to allow
requests. You can keep these rules in your project directory
and publish them with firebase deploy.

? What file should be used for Firestore Rules? firestore.rules

Firestore indexes allow you to perform complex queries while
maintaining performance that scales with the size of the result
set. You can keep index definitions in your project directory
and publish them with firebase deploy.

? What file should be used for Firestore indexes? (firestore.indexes.json)
```

Cloud Functions の設定

　Cloud Functionsの設定では、ランタイムをJavaScriptかTypeScriptのどちらかを指定できますが、今回はJavaScriptを指定します。ESLintは、今回はなしにします。依存ライブラリーのインストールが促されるので、こちらはYesでEnterしましょう。

図2.7: cloud_functions_setting

```
=== Functions Setup

A functions directory will be created in your project with a Node.js
package pre-configured. Functions can be deployed with firebase deploy.

? What language would you like to use to write Cloud Functions? JavaScript
? Do you want to use ESLint to catch probable bugs and enforce style? No
✔  Wrote functions/package.json
✔  Wrote functions/index.js
? Do you want to install dependencies with npm now? (Y/n) Y
```

Hosting

　最初にどのファイルをホスティング対象にするか聞かれます。デフォルトではpublicディレクトリー以下にあるindex.htmlが対象となります。しかし、今回はcreate-react-appを使用しており、これはビルド実行した際にビルドしたファイルがbuild/index.htmlのパスで作成されます。そのため、Hostingの最初の設定ではbuildと入力しましょう。また事前にホスティング対象のindex.htmlを作成・上書きするかを問われますが、create-react-appでビルドしたindex.htmlを使用するため、こちらはNoにしましょう。

図2.8: hosting_setting

```
=== Hosting Setup

Your public directory is the folder (relative to your project directory) that
will contain Hosting assets to be uploaded with firebase deploy. If you
have a build process for your assets, use your build's output directory.

? What do you want to use as your public directory? build
? Configure as a single-page app (rewrite all urls to /index.html)? No
✔  Wrote build/404.html
✔  Wrote build/index.html
```

Storage

　Storageに関するルールの設定ファイルを追加します

14　　第2章　アプリケーションの構築

図 2.9: storage_setting

```
=== Storage Setup

Firebase Storage Security Rules allow you to define how and when to allow
uploads and downloads. You can keep these rules in your project directory
and publish them with firebase deploy.

? What file should be used for Storage Rules? storage.rules

i  Writing configuration info to firebase.json...
i  Writing project information to .firebaserc...

✔  Firebase initialization complete!
```

これで、Firebaseの設定は完了です。

2.1.3 デプロイ

まだアプリケーションは完成していませんが、後々のトラブルを避けるために早めにデプロイをしてしまいます。Firebase Hostingにデプロイするため、ビルドしたクライアント側のコードを出力します。

```
npm run build
```

ビルドが成功するとbuildというディレクトリーが作られ、そこにデプロイ対象のソースコードが生成されます。

最後に、Firebase Hostingにデプロイをします。Hosting URLにアクセスして、ReactのWelcome画面が表示されていれば、デプロイ成功です。

```
firebase deploy --only hosting

✓ Deploy complete!
Project Console: https://your-firebase-app/overview
Hosting URL: https://your-app-url
```

第3章 認証

3.1 Googleアカウントによる認証

　Webアプリケーションの開発において、認証機能はほぼ必須と言われる機能です。しかし、認証機能を0から自前で開発するのはかなり大変です。Firebase Authenticationを使うと、認証機能をとても簡単に実現できます。

　認証の方法は数多くありますが、Firebase Authenticationは様々な認証手段をサポートします。
・Basic認証
・Googleアカウントによる認証
・Facebookアカウントによる認証
・Twitterアカウントによる認証
・Githubアカウントによる認証
・匿名認証
今回は、Googleアカウントによる認証をサンプルに、クライアントから直接認証を行います。

3.1.1 Googleアカウントによる認証を有効化する

　Firebaseのコンソール画面から、設定を有効化します。「Authentication」の「ログイン方法」から設定して下さい。

16 　第3章　認証

図 3.1: enable_google_auth

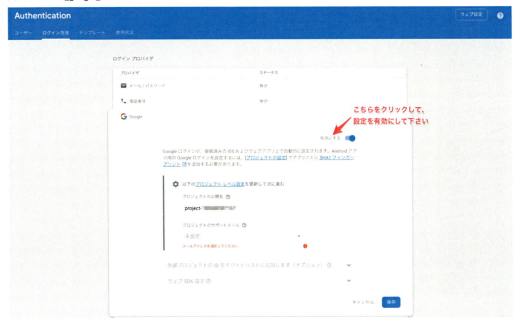

3.1.2　FirebaseのSDKをアプリケーションに追加しよう

Firebaseの設定を別ファイルで用意します。src/config/firebase-config.jsを作成します。

```
touch src/config/firebase-config.js
```

また、FirebaseのコンソールÉ画面から各APIキーの情報をコピーしましょう。まず、Firebaseのコンソール画面から設定ページに進みます。

図 3.2: firebase_setting_page

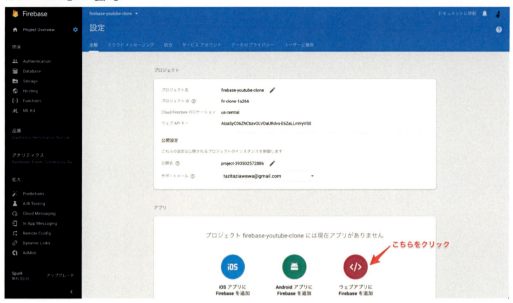

「ウェブアプリにFirebaseを追加」をクリックして各設定情報をコピーし、src/config/firebase-config.jsに次のように追加します。

リスト3.1: src/config/firebase-config.js

```
1: export default {
2:   apiKey: "api_key",
3:   authDomain: "projectのURL",
4:   databaseURL: "xxx",
5:   projectId: "xxx",
6:   storageBucket: "xxx",
7:   messagingSenderId: "xxx"
8: };
```

次に、アプリケーションにFirebaseを組み込むために、Firebase SDK のインストールとFirebaseの初期化処理を行います。

```
npm i --save firebase
```

Reactアプリケーションのディレクトリー構造を少し変更しましょう。srcディレクトリー以下にcomponentsというディレクトリーを作成し、そこにApp.jsを移動します。

src/components/App.jsは、次のように変更します。

リスト3.2: src/components/App.js

```
 1: import React, { Component } from 'react';
 2: import firebase from 'firebase/app';
 3: import 'firebase/firestore';
 4: import config from '../config/firebase-config';
 5:
 6: class App extends Component {
 7:   constructor() {
 8:     super();
 9:
10:     // Initialize Firebase
11:     firebase.initializeApp(config);
12:     firebase.firestore().settings({ timestampsInSnapshots: true });
13:   }
14:
15:   render() {
16:     return (
17:       <div>Hello React</div>
18:     );
19:   }
20: }
21:
22: export default App;
```

ディレクトリー構成を変更したので、src/index.js内のApp.jsの参照先を変更しましょう。

リスト3.3: src/index.js

```
1: import React from 'react';
2: import ReactDOM from 'react-dom';
3: - import './index.css';
4: + import App from './components/App';
5: import registerServiceWorker from './registerServiceWorker';
6:
7: ReactDOM.render(<App />, document.getElementById('root'));
8: registerServiceWorker();
```

ついでに、今回使用しないファイルを削除しておきます。

```
rm src/App.css src/App.test.js src/index.css
```

これで、FirebaseのAPIをアプリケーション内で使用する準備ができました。

3.1.3　Google アカウントによる認証の実装

いよいよ認証のための実装をしていきますが、まずは簡単に画面の仕様を説明します。ログイン認証の画面操作は、次のような手順でログインする仕様にします。

1. ヘッダー画面がある
2. ヘッダー画面に「Login with Google」というログイン用のボタンがある
3. ボタンをクリックすると、Google アカウントによる認証画面に飛ぶ
4. Google 側の OAuth 認証画面にて、自分のアカウントを選択し、認証を許可する
5. アプリケーションの画面にリダイレクトされる
6. ヘッダー画面に自分のアカウントのアカウント名とプロフィール画像が表示され、ログアウトボタンが表示されている

では、順番に実装していきましょう！

3.1.4　ヘッダー画面の作成

新たに src/components/Header.js というファイルを作成します。

```
touch src/components/Header.js
```

Header.js を次のように実装します。最初は特に内容のないコンポーネントにしておきます。

リスト 3.4: Header.js

```
 1: import React, { Component } from 'react';
 2:
 3: class Header extends Component {
 4:   render() {
 5:     return (
 6:       <div>Header is here</div>
 7:     );
 8:   }
 9: }
10:
11: export default Header;
```

ヘッダーとして、画面に表示させたいため、App.js から呼び出します。

リスト 3.5: ヘッダーとして画面に表示

```
 1: import React, { Component } from 'react';
 2: import firebase from 'firebase/app';
 3: import config from '../config/firebase-config';
 4: + import Header from './Header';
```

20　第3章　認証

```
 5:
 6: class App extends Component {
 7:   constructor() {
 8:     super();
 9:
10:     // Initialize Firebase
11:     firebase.initializeApp(config);
12:   }
13:
14:   render() {
15:     return (
16: +       <Header />
17: -         <div>Hello React</div>
18:     );
19:   }
20: }
21:
22: export default App;
```

このままだとまだヘッダーとしてのデザインができていないので、スタイルを追加します。
今回は、マテリアルデザインなアプリケーションにするため、Material-UIを使用します。
・https://material-ui.com/
Material-UIのパッケージを追加します。

```
npm i --save @material-ui/core @material-ui/icons
```

ヘッダーをマテリアルデザインに変更します。

リスト 3.6: src/components/Header.js

```
 1: import React, { Component } from 'react';
 2: import PropTypes from 'prop-types';
 3: import { withStyles } from '@material-ui/core/styles';
 4: import AppBar from '@material-ui/core/AppBar';
 5: import Toolbar from '@material-ui/core/Toolbar';
 6: import Button from '@material-ui/core/Button';
 7: import Avatar from '@material-ui/core/Avatar';
 8: import Typography from '@material-ui/core/Typography';
 9:
10: const styles = theme => ({
11:   root: {
```

第3章　認証　21

```
12:        flexGrow: 1,
13:      },
14:      flex: {
15:        flexGrow: 1,
16:      },
17:      button: {
18:        margin: theme.spacing.unit,
19:      },
20: });
21:
22: class Header extends Component {
23:    render() {
24:      const { classes } = this.props;
25:
26:      return (
27:        <div className={classes.root}>
28:          <AppBar position="static" color="primary">
29:            <Toolbar>
30:              <Typography variant="title" color="inherit"
className={classes.flex}>
31:                Firebase Videos
32:              </Typography>
33:              <Button color="inherit" className={classes.button}
onClick={this.googleLogin}>
34:                Login with Google
35:              </Button>
36:            </Toolbar>
37:          </AppBar>
38:        </div>
39:      );
40:    }
41: }
42:
43: Header.propTypes = {
44:    classes: PropTypes.object.isRequired,
45: };
46:
47: export default withStyles(styles)(Header);
```

図3.3の画面のように見栄えの良いヘッダーになったでしょうか？

Material-UIを使えば、手軽にマテリアルデザインを導入することができます。

図 3.3: header1

Firebase Videos	LOGIN WITH GOOGLE

3.1.5　ログインボタンをクリックして、Googleアカウントでログインする

Header.jsにログイン処理の実装を追加していきます。FirebaseのSDKをインポートし、ログインボタンをクリックしたときのイベント処理を追加します。

まずは変更後の全体の実装がこちらです。

リスト 3.7: Header.js（変更前）

```
 1: import React, { Component } from 'react';
 2: import PropTypes from 'prop-types';
 3: import { withStyles } from '@material-ui/core/styles';
 4: import AppBar from '@material-ui/core/AppBar';
 5: import Toolbar from '@material-ui/core/Toolbar';
 6: import Button from '@material-ui/core/Button';
 7: import CloudUploadIcon from '@material-ui/icons/CloudUpload';
 8: import Avatar from '@material-ui/core/Avatar';
 9: import Typography from '@material-ui/core/Typography';
10: import firebase from 'firebase/app';
11: import 'firebase/auth';
12:
13: const styles = theme => ({
14:   root: {
15:     flexGrow: 1,
16:   },
17:   flex: {
18:     flexGrow: 1,
19:   },
20:   button: {
21:     margin: theme.spacing.unit,
22:   },
23:   rightIcon: {
24:     marginLeft: theme.spacing.unit,
25:   },
26:   avatar: {
27:     margin: 10,
28:     backgroudColor: 'white',
29:   },
30: });
31:
```

第 3 章　認証　23

```
32: class Header extends Component {
33:   constructor() {
34:     super();
35:
36:     this.state = { isLogin: false, username: '', profilePicUrl: '' }
37:   }
38:
39:   componentDidMount() {
40:     firebase.auth().onAuthStateChanged(user => {
41:       if (user) {
42:         this.setState({ isLogin: true, username: user.displayName,
profilePicUrl: user.photoURL });
43:       } else {
44:         this.setState({ isLogin: false, username: '', profilePicUrl: '' });
45:       }
46:     });
47:   }
48:
49:   googleLogin = () => {
50:     const provider = new firebase.auth.GoogleAuthProvider();
51:
52:     firebase.auth().signInWithRedirect(provider);
53:   }
54:
55:   googleSignOut = () => {
56:     firebase.auth().signOut();
57:   }
58:
59:   renderLoginComponent = classes => {
60:     return (
61:       <Button color="inherit" className={classes.button}
onClick={this.googleLogin}>
62:         Login with Google
63:       </Button>
64:     );
65:   }
66:
67:   renderLoginedComponent = classes => {
68:     return (
69:       <div>
70:         <Button color="inherit" className={classes.button}>
```

```
71:          <Avatar alt="profile image" src={'${this.state.profilePicUrl}'}
className={classes.avatar} />
72:          {this.state.username}
73:       </Button>
74:       <Button color="inherit" className={classes.button}
onClick={this.googleSignOut}>Sign Out</Button>
75:     </div>
76:   );
77:  }
78:
79:  render() {
80:    const { classes } = this.props;
81:
82:    return (
83:      <div className={classes.root}>
84:        <AppBar position="static" color="primary">
85:          <Toolbar>
86:            <Typography variant="title" color="inherit"
className={classes.flex}>
87:              Firebase Videos
88:            </Typography>
89:            {this.state.isLogin ? this.renderLoginedComponent(classes) :
this.renderLoginComponent(classes)}
90:          </Toolbar>
91:        </AppBar>
92:      </div>
93:    );
94:  }
95: }
96:
97: Header.propTypes = {
98:   classes: PropTypes.object.isRequired,
99: };
100:
101: export default withStyles(styles)(Header);
```

このリストを順に解説します。まずは、Firebase の認証パッケージをインポートします。

```
import firebase from 'firebase/app';
import 'firebase/auth';
```

次にHeaderコンポーネントのイニシャライズ時にログイン成功時に表示するためのデータを、コンポーネントのStateに追加します。今回は、ログイン後にログインの有無によって画面の描画を切り替えるためのフラグとアカウント名、プロフィール画像のURLを設定します。

```
class Header extends Component {
  constructor() {
    super();
    this.state = { isLogin: false, username: '', profilePicUrl: '' }
  }

// something ...
}
```

次に、ログインとログアウトのボタンがクリックされた際に、実行される処理を実装します。

```
googleLogin = () => {
    const provider = new firebase.auth.GoogleAuthProvider();

    firebase.auth().signInWithRedirect(provider);
  }

googleSignOut = () => {
  firebase.auth().signOut();
}
```

その後、render()メソッド内に画面の描画内容を実装しています。実装が問題なければ、ヘッダーは、次のように表示されます。

図3.4: ログイン前

図3.5: ログイン後

これでGoogleアカウントによる認証が実装できました。認証処理だけなら、Firebase SDKのAPIを使って、たったの数行で実現することができます。

最後に、今回の変更を本番環境にデプロイしましょう。

```
npm run build
firebase deploy --only hosting
```

第4章　Cloud Storageによるコンテンツの管理

4.1　Cloud Storageについて

　多くのWebアプリケーションでは、ユーザーが投稿した画像や動画などの静的コンテンツのファイルを格納しなければなりません。これらのデータは一時的なものもあれば、永続的に保存される必要があるものもあります。Firebaseでは、このような用途にはCloud Storageを使うことができます。Cloud StorageはFirebaseのサービスとして提供はされていますが、実際にはGoogle Cloud Storageにファイルを保存します。Cloud Storageの操作は、クライアント側からの場合はFirebase SDKを介して可能です。Cloud Functions等のサーバー側の環境からは、Google Cloud Platformを使用してCloud Storageへの操作を行います。

　Cloud Storageの一般的な実装のプロセスは次のとおりです。

1．Cloud Storage用のFirebaseSDKをアプリケーションに含める
2．アップロード、ダウンロードまたは削除する対象ファイルのパスへの参照を作成
3．Cloud Storageのバケットにアップロード、ダウンロードする
4．セキュリティールールに基づいて、ファイルのアクセス権限を保護する

　この章では、画面から動画ファイルをCloud Storageへアップロードする実装を行います。

4.2　コンテンツを保存する

　この節では、Cloud Storageを使ったコンテンツの保存方法について実装します。実現したい動作の仕様は次のとおりです。

・画面から動画ファイルをアップロードする
・アップロードした動画をCloud Storageに保存する

4.2.1　Firebaseのコンソール画面から、Cloud Storageを開始する

　最初に、Cloud Storageに対するセキュリティールールを設定する必要があります。Firebaseのコンソール画面から、Cloud Storageの画面に行き、セキュリティールールを設定しましょう。

　最初は、OKをクリックするだけで大丈夫です。

図 4.1: start_cloud_storage

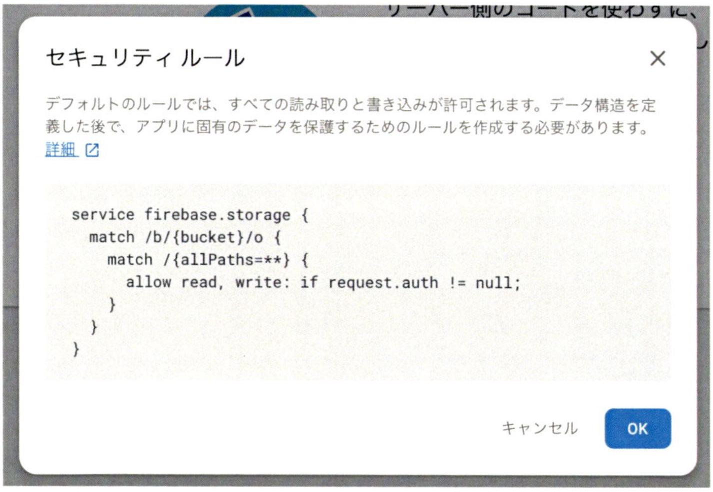

デフォルトのルールでは、すべての読み取りと書き込みが許可されます。データ構造を定義した後で、アプリに固有のデータを保護するためのルールを作成する必要があります。

4.2.2　アップロードボタンの追加

まず src/components/Header.js にアップロードするためのボタンを追加します。

リスト 4.1: アップロードするためのボタンを追加

```
 1: import React, { Component } from 'react';
 2: import { Link } from 'react-router-dom';
 3: import PropTypes from 'prop-types';
 4: import { withStyles } from '@material-ui/core/styles';
 5: import AppBar from '@material-ui/core/AppBar';
 6: import Toolbar from '@material-ui/core/Toolbar';
 7: import Button from '@material-ui/core/Button';
 8: + import CloudUploadIcon from '@material-ui/icons/CloudUpload';
 9: import Avatar from '@material-ui/core/Avatar';
10: import Typography from '@material-ui/core/Typography';
11: import firebase from 'firebase/app';
12: import 'firebase/auth';
13:
14: const styles = theme => ({
15:   root: {
16:     flexGrow: 1,
17:   },
18:   flex: {
19:     flexGrow: 1,
20:   },
21:   button: {
22:     margin: theme.spacing.unit,
```

第 4 章　Cloud Storage によるコンテンツの管理　29

```
23:    },
24:    rightIcon: {
25:      marginLeft: theme.spacing.unit,
26:    },
27:    avatar: {
28:      margin: 10,
29:      backgroudColor: 'white',
30:    },
31:    link: {
32:      textDecoration: 'none',
33:      color: 'white',
34:    },
35: });
36:
37: class Header extends Component {
38:    constructor() {
39:      super();
40:
41:      this.state = { isLogin: false, username: '', profilePicUrl: '' }
42:    }
43:
44:    componentDidMount() {
45:      firebase.auth().onAuthStateChanged(user => {
46:        if (user) {
47:          this.setState({ isLogin: true, username: user.displayName,
profilePicUrl: user.photoURL });
48:        } else {
49:          this.setState({ isLogin: false, username: '', profilePicUrl: '' });
50:        }
51:      });
52:    }
53:
54:    googleLogin = () => {
55:      const provider = new firebase.auth.GoogleAuthProvider();
56:
57:      firebase.auth().signInWithRedirect(provider);
58:    }
59:
60:    googleSignOut = () => {
61:      firebase.auth().signOut();
62:    }
```

30 | 第4章 Cloud Storage によるコンテンツの管理

```
63:
64:   renderLoginComponent = classes => {
65:     return (
66:       <Button color="inherit" className={classes.button}
onClick={this.googleLogin}>
67:         Login with Google
68:       </Button>
69:     );
70:   }
71:
72:   renderLoginedComponent = classes => {
73:     return (
74:       <div>
75:         <Button color="inherit" className={classes.button}>
76:           <Avatar alt="profile image" src={'${this.state.profilePicUrl}'}
className={classes.avatar} />
77:             {this.state.username}
78:         </Button>
79:         <Button color="inherit" className={classes.button}
onClick={this.googleSignOut}>Sign Out</Button>
80: +       <Button variant="contained" color="default">
81: +         <Link to="/upload" className={classes.link}>Upload</Link>
82: +         <CloudUploadIcon className={classes.rightIcon} />
83: +       </Button>
84:       </div>
85:     );
86:   }
87:
88:   render() {
89:     const { classes } = this.props;
90:
91:     return (
92:       <div className={classes.root}>
93:         <AppBar position="static" color="primary">
94:           <Toolbar>
95:             <Typography variant="title" color="inherit"
className={classes.flex}>
96: +             <Link to="/" className={classes.link}>Firebase Videos</Link>
97:             </Typography>
98:             {this.state.isLogin ? this.renderLoginedComponent(classes) :
this.renderLoginComponent(classes)}
```

```
 99:         </Toolbar>
100:       </AppBar>
101:     </div>
102:   );
103:   }
104: }
105:
106: Header.propTypes = {
107:   classes: PropTypes.object.isRequired,
108: };
109:
110: export default withStyles(styles)(Header);
111:
```

4.2.3 アップロード画面のコンポーネント作成

アップロードボタンをクリックした時の遷移先の画面を作成します。

src/components 以下に VideoUpload.js というファイルを作成します。まずは、簡易なコンポーネントにしておきましょう。

リスト 4.2: src/components/VideoUpload.js

```
 1: import React, { Component } from 'react';
 2:
 3: class VideoUpload extends Component {
 4:   render() {
 5:     return (
 6:       <div>upload here!</div>
 7:     );
 8:   }
 9: }
10:
11: export default VideoUpload;
```

4.2.4 アップロード画面への遷移

次にアップロードボタンをクリックした際に、アップロード画面に遷移する処理を追加します。画面遷移を伴うため、新たに react-router-dom を導入します。

```
npm i --save react-router-dom
```

通常、シングルページアプリケーション（SPA）の開発ではその特性上HTMLはひとつだけです。そのため、ルーティング機能を加える場合はブラウザー側が標準で提供するHistory API（https://developer.mozilla.org/ja/docs/Web/API/History）を使う必要があります。ただHistory APIをそのまま使ってルーティング機能を自前で実装するのは、それなりの難しさがあります。

ですが、react-router-domを使うと、SPAにおけるルーティング処理をうまく抽象化して、少ない工数でルーティング機能を作ることが可能となります。Reactを使ったSPAにルーティング機能を実装する際には、ほぼデファクトスタンダードとなっているライブラリーです。

それでは、画面遷移の実装を追加しましょう。

リスト4.3: 画面遷移の実装を追加

```
 1: import React, { Component } from 'react';
 2: + import { Link } from 'react-router-dom';
 3: import PropTypes from 'prop-types';
 4: import { withStyles } from '@material-ui/core/styles';
 5: import AppBar from '@material-ui/core/AppBar';
 6: import Toolbar from '@material-ui/core/Toolbar';
 7: import Button from '@material-ui/core/Button';
 8: import CloudUploadIcon from '@material-ui/icons/CloudUpload';
 9: import Avatar from '@material-ui/core/Avatar';
10: import Typography from '@material-ui/core/Typography';
11: import firebase from 'firebase/app';
12: import 'firebase/auth';
13:
14: const styles = theme => ({
15:   root: {
16:     flexGrow: 1,
17:   },
18:   flex: {
19:     flexGrow: 1,
20:   },
21:   button: {
22:     margin: theme.spacing.unit,
23:   },
24:   rightIcon: {
25:     marginLeft: theme.spacing.unit,
26:   },
27:   avatar: {
28:     margin: 10,
29:     backgroudColor: 'white',
30:   },
31:   link: {
```

第4章 Cloud Storage によるコンテンツの管理 | 33

```
32:      textDecoration: 'none',
33:      color: 'white',
34:    },
35: });
36:
37: class Header extends Component {
38:    constructor() {
39:      super();
40:
41:      this.state = { isLogin: false, username: '', profilePicUrl: '' }
42:    }
43:
44:    componentDidMount() {
45:      firebase.auth().onAuthStateChanged(user => {
46:        if (user) {
47:          this.setState({ isLogin: true, username: user.displayName,
profilePicUrl: user.photoURL });
48:        } else {
49:          this.setState({ isLogin: false, username: '', profilePicUrl: '' });
50:        }
51:      });
52:    }
53:
54:    googleLogin = () => {
55:      const provider = new firebase.auth.GoogleAuthProvider();
56:
57:      firebase.auth().signInWithRedirect(provider);
58:    }
59:
60:    googleSignOut = () => {
61:      firebase.auth().signOut();
62:    }
63:
64:    renderLoginComponent = classes => {
65:      return (
66:        <Button color="inherit" className={classes.button}
onClick={this.googleLogin}>
67:          Login with Google
68:        </Button>
69:      );
70:    }
```

34 | 第4章 Cloud Storage によるコンテンツの管理

```
71:
72:   renderLoginedComponent = classes => {
73:     return (
74:       <div>
75:         <Button color="inherit" className={classes.button}>
76:           <Avatar alt="profile image" src={`${this.state.profilePicUrl}`}
className={classes.avatar} />
77:             {this.state.username}
78:         </Button>
79:         <Button color="inherit" className={classes.button}
onClick={this.googleSignOut}>Sign Out</Button>
80: +       <Button variant="contained" color="default">
81: +         <Link to="/upload" className={classes.link}>Upload</Link>
82: +         <CloudUploadIcon className={classes.rightIcon} />
83: +       </Button>
84:       </div>
85:     );
86:   }
87:
88:   render() {
89:     const { classes } = this.props;
90:
91:     return (
92:       <div className={classes.root}>
93:         <AppBar position="static" color="primary">
94:           <Toolbar>
95:             <Typography variant="title" color="inherit"
className={classes.flex}>
96: +             <Link to="/" className={classes.link}>Firebase Videos</Link>
97:             </Typography>
98:             {this.state.isLogin ? this.renderLoginedComponent(classes) :
this.renderLoginComponent(classes)}
99:           </Toolbar>
100:         </AppBar>
101:       </div>
102:     );
103:   }
104: }
105:
106: Header.propTypes = {
107:   classes: PropTypes.object.isRequired,
```

第4章　Cloud Storage によるコンテンツの管理　35

```
108: };
109:
110: export default withStyles(styles)(Header);
111:
```

　これで、ヘッダーからアップロード画面に遷移するための導線ができました。ただし、このままではヘッダーコンポーネントでしかルーティング機能を使用していないため、正しく動作しません。

　ルーティング機能自体はアプリケーション全体に関わる機能です。そのため、トップレベルコンポーネントである src/components/App.js に reacct-router-dom を適用させることで、アプリケーション全体でルーティングが機能できるようにする必要があります。

リスト4.4: ルーティング機能

```
 1: import React, { Component } from 'react';
 2: + import { BrowserRouter as Router, Route, Switch } from 'react-router-dom'
 3: import firebase from 'firebase/app';
 4: import config from '../config/firebase-config';
 5:
 6: // import Application Components
 7: import Header from './Header';
 8: import VideoUpload from './VideoUpload';
 9:
10: class App extends Component {
11:   constructor() {
12:     super();
13:
14:     // Initialize Firebase
15:     firebase.initializeApp(config);
16:   }
17:
18:   render() {
19:     return (
20: +      <Router>
21: +        <div className="App">
22: +          <Header />
23: +          <Switch>
24: +            <Route path="/upload" component={VideoUpload} />
25: +          </Switch>
26: +        </div>
27: +      </Router>
28:     );
29:   }
```

36 ｜ 第4章　Cloud Storage によるコンテンツの管理

```
30: }
31:
32: export default App;
33:
```

4.2.5　動画ファイルをアップロードして、Cloud Storageに保存する

アップロード画面から動画をアップロードする準備が整いました。続いて実際のアップロード処理を実装していきます。まずは動画ファイルをアップロードするフォームを作成しましょう。

リスト4.5: src/components/VideoUpload.js

```
 1: import React, { Component } from 'react';
 2:
 3: class Upload extends Component {
 4:   handleChange = event => {
 5:     return;
 6:   }
 7:
 8:   handleSubmit = event => {
 9:     return;
10:   }
11:
12:   render() {
13:     return (
14:       <form onSubmit={e => this.handleSubmit(e)}>
15:         <h2>Video Upload</h2>
16:         <input
17:           type="file"
18:           accept="video/*"
19:           onChange={e => this.handleChange(e)}
20:         />
21:         <button type="submit">Upload Video</button>
22:       </form>
23:     );
24:   }
25: }
26:
27: export default Upload;
28:
```

フォームの部品ができただけでまだ何も起こりませんが、ひとまずアップロードのフォームをこ

れで追加できました。

　それでは、Cloud Storageに動画を保存する処理を実装していきましょう。追加したコードを含めた全体の実装は次のとおりです。

リスト4.6: 動画を保存する

```
 1: import React, { Component } from 'react';
 2: + import firebase from 'firebase/app';
 3: + import 'firebase/storage';
 4:
 5: class Upload extends Component {
 6: +   constructor(props) {
 7: +     super(props);
 8: +     this.state = { video: null }
 9: +   }
10:
11:   handleChange = event => {
12: +     event.preventDefault();
13: +     const video = event.target.files[0];
14: +
15: +     this.setState({ video });
16:   }
17:
18:   handleSubmit = event => {
19: +     event.preventDefault();
20: +
21: +     this.fileUpload(this.state.video);
22:   }
23:
24: +   async fileUpload(video) {
25: +     try {
26: +       const userUid = firebase.auth().currentUser.uid;
27: +       const filePath = `videos/${userUid}/${video.name}`;
28: +       const videoStorageRef = firebase.storage().ref(filePath);
29: +       const fileSnapshot = await videoStorageRef.put(video);
30: +
31: +       console.log(fileSnapshot);
32: +     } catch(error) {
33: +       console.log(error);
34: +
35: +       return;
36: +     }
```

```
37: +  }
38:
39:   render() {
40:     return (
41:       <form onSubmit={e => this.handleSubmit(e)}>
42:         <h2>Video Upload</h2>
43:         <input
44:           type="file"
45:           accept="video/*"
46:           onChange={e => this.handleChange(e)}
47:         />
48:         <button type="submit">Upload Video</button>
49:       </form>
50:     );
51:   }
52: }
53:
54: export default Upload;
```

では、実装の解説に入りましょう。

まず最初にこのコンポーネントが、ユーザーからどの動画ファイルを受け取ったのかを状態として保持できるように、新たにstateを設定します。

リスト4.7: 何の動画ファイルか

```
1: constructor(props) {
2:   super(props);
3:   this.state = { video: null }
4: }
```

次はアップロード対象のファイルを選択した際に実行されるhandleOnChange関数です。

リスト4.8: ファイルを選択

```
1: handleChange = event => {
2:   event.preventDefault();
3:   const video = event.target.files[0];
4:
5:   this.setState({ video });
6: }
```

指定した動画ファイルをstateとして保持します。this.setStateの部分は、

第4章　Cloud Storageによるコンテンツの管理　39

```
this.setState({ video: video });
```

と書いても良いのですが、JavaScriptの分割代入を使えば、videoを重複して記述しなくて済みます。

次は、動画ファイルを指定して、アップロードボタンをクリックしたときに動作する実装です。

リスト4.9: アップロードボタンをクリック

```
 1: handleSubmit = event => {
 2:   event.preventDefault();
 3:
 4:   this.fileUpload(this.state.video);
 5: }
 6:
 7: async fileUpload(video) {
 8:   try {
 9:     const userUid = firebase.auth().currentUser.uid;
10:     const filePath = 'videos/${userUid}/${video.name}';
11:     const videoStorageRef = firebase.storage().ref(filePath);
12:     const fileSnapshot = await videoStorageRef.put(video);
13:
14:     console.log(fileSnapshot);
15:   } catch(error) {
16:     console.log(error);
17:
18:     return;
19:   }
20: }
```

handleSubmit関数は、stateとして保持した動画ファイルを引数に、fileUpload関数を呼び出すだけです。

fileUpload関数内では、まず動画ファイルの保存先を指定しています。今回の例では、videos/ユーザーのuid/動画ファイル名となります。

次にvideoStorageRefで、Cloud Storage側との関連を結びつけます。

そして、putで、指定したパスに動画ファイルをアップロードして保存します。

これで実装が完了したので、試しにローカル上で、何か動画ファイルをアップロードしてみてください。次のように、Cloud Storageのコンソール画面で、アップロードした動画が保存されていることでしょう。

40 | 第4章　Cloud Storageによるコンテンツの管理

図 4.2: cloud_storage_demo

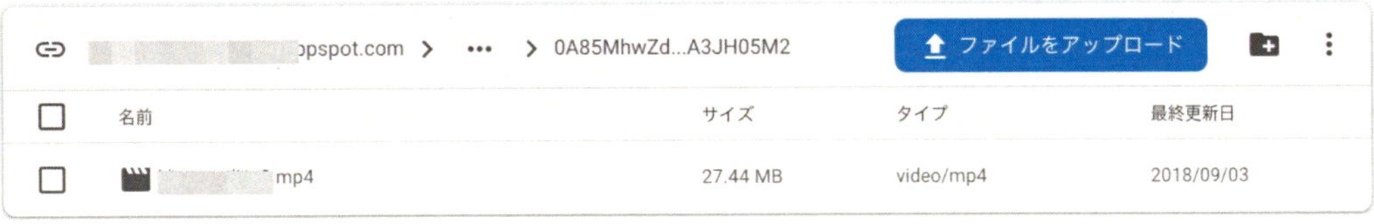

	名前	サイズ	タイプ	最終更新日
☐	mp4	27.44 MB	video/mp4	2018/09/03

問題なければ、デプロイもしておきましょう！

```
npm run build
firebase deploy --only hosting
```

第5章　Firestoreによるデータベース管理

5.1　NoSQLデータベースとFirestore

Firestoreは、NoSQLデータベースと呼ばれるものです。MongoDBのようなドキュメント指向型のNoSQLデータベースと同じカテゴリーにあたります。NoSQLのデータベースであるため、MySQLやPostgreSQLのようなRDBMS（リレーショナルデータベース）とは、かなり趣の異なるデータベースです。

恐らく、RDBMSを使ったことはあれどNoSQLデータベースを使ったことがある人は少ないのではないでしょうか。ここでは、RDBMSと比較しつつNoSQLデータベースであるFirestoreとは何かについて解説をしていきます。

5.1.1　NoSQLデータベースについて

まず、RDBMSでデータ管理する場合は、テーブルの行はスキーマとテーブルを用いて、全て厳密に何かの型が定義されている必要があります。例えば、UsersとVideosというデータを管理するときは、表5.1や表5.2のようなテーブルを作ることになるでしょう。

UsersとVideosを連携したい場合、Videosは、一意のIDを含む外部キーをUsersテーブルに紐付けるというのがよくある方法でしょう。

表5.1: Usersテーブル

primary_key	username	age	login_date	is_admin
123	"Mike"	22	20180101	1
345	"Tom"	30	20180202	0

表5.2: Videosテーブル

primary_key	title	content_type	download_url	foreign_key
777	"Firebase入門"	"mp4"	https://hoge.com	123
888	"すべらない話"	"mov"	https://xxxx.xxxx	345

複数テーブルにまたがる条件で目的のデータを取得したい場合、基本的には外部にキーをもたせて、SQLでJOINを用いて目的のデータを取得していくのがRDBMSでは王道でしょう。

しかし、FirestoreのようなNoSQLデータベースでは事情が異なります。Firestoreでは、RDBMSのようにきっちりとデータ構造を厳密に定義してデータを格納しません。キーと値がセットになったJSONオブジェクトをそのまま格納することが一般的です。また、異なるキーバリューのデータをFirestoreに保存することも可能です。

例えば、VideoをFirestoreに格納する場合は、次のようなイメージでJSONオブジェクトをツリー

42　　第5章　Firestoreによるデータベース管理

構造で格納します。

図5.1: Firestoreのデータ構造の例

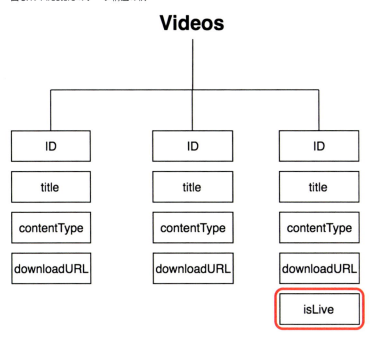

　図5.1の右下赤枠のisLiveを含むデータに注目すると、NoSQLデータベースはRDBMSと違い、一部のデータにだけ異なるフィールドを追加することができる、といえます。このような特徴があるため、FirestoreのようなNoSQLデータベースは**スキーマレス**なシステムと呼ばれ、事前に厳密なテーブル設計をしなくてもデータを格納できるメリットがあります。

　では、VideosをUsersに属するデータとして格納したい、という場合を考えてみましょう。RDBMSであれば、Videosテーブルに外部キーを持たせて正規化をしますが、NoSQLデータベースではSQLのJOINという概念すら存在しません。

　仮に、Videosにuser_idという外部キーのようなフィールドを追加してもJOINができません。特定ユーザーの動画だけで、さらに他の条件に合致するようなクエリを発行するのが難しいのです。

　そのため、NoSQLデータベースであるFirestoreでは、データの重複を許容して、他のデータをコピーする方法があります。

　RDBMSに慣れ親しんだ方にとっては、データの重複を許すというのはかなり気持ち悪く感じることでしょう。実際、この方法を採用する場合、重複元のデータが変更された場合は重複データもその変更を反映させないと、データの整合性を保てないというデメリットがあります。

5.1.2　なぜNoSQLデータベース？

　RDBMSは、データが正規化され、重複データが存在しないクリーンな世界でした。NoSQLデータベースは、重複データを許容し、データの整合性を保つためのコストがRDBMSと比べると大きいという明らかな欠点があります。

しかし、デメリットもあればメリットもまた存在します。ひとつずつメリットについて解説します。

JOINをしなくても、目的のデータが取得できる

これは、前述のVideosとUsersの場合、ユーザー情報が欲しい場合はVideosだけ取得すればクエリを発行しなくてもUsersのデータを取得することができます。複数のテーブル同士をJOINする必要がありません。これは、後述するメリットにつながります。

スケーラビリティ

RDBMSでは、データが大規模になった時にパフォーマンス面からJOINするコストがかなり大きくなります。また読み取り回数も膨大な数になります。その場合、RDBMSではマシンのリソースをスケールアップするように垂直スケールをする必要があります。これは札束で殴って問題を解決する手段であるため、コストがかかります。

しかし、FirestoreのようなNoSQLデータベースでは、データを複数サーバーに分散する水平スケーリングがRDBMSと比べて簡単に行うことができます。Firestoreを使っていれば、実際のスケーリングはFirestore側が担保するため、Firestoreを使用する開発者は負荷対策について心配する必要がありません。

5.1.3　Firestoreについて

Firestore自体はNoSQLデータベースですが、その構造は**ドキュメント・コレクション・サブコレクション**を中心としたものです。

ドキュメント

ドキュメントは、キー・バリューをペアにしたJSONオブジェクトのようなものです。JSONオブジェクトとまったく同一というわけではなく、サポートするフィールドの型が次のように決まっています。

- ・配列
- ・ブール値
- ・バイト型
- ・日時
- ・浮動小数点数
- ・地理的座標値
- ・整数
- ・マップ:例) キー・バリューのペア { hoge: 'hoge', fuga: 'fuga' }
- ・Null
- ・参照
- ・テキスト文字列

44 ｜ 第5章 Firestoreによるデータベース管理

コレクション

ドキュメントを必ず内包しており、単なる文字列だけを含めるということはできません。またド
キュメントをコレクションに内包するためには、1MB以下である必要があります。

サブコレクション

ドキュメント内に内包されるコレクションです。また、サブコレクションを参照する際は、コレ
クション、ドキュメントを交互にアクセスしていきます。

リスト5.1: 例

```
db.collection('videos').doc('user').collection('comments').doc('comment1')
```

ひとつ注意すべきことは、**ドキュメントを削除しても、それに属するサブコレクションは削除さ
れない**ことです。削除する場合は、手動で削除する必要があります。

ここまでで、Firestoreの大まかな概要を説明しました。次の節からは、動画についての情報であ
るメタデータをFirestoreに保存する方法について解説します。

5.2　本アプリケーションのDB設計

Firestoreの概要と特徴を踏まえた上で、今回のアプリケーションのDB設計を次のように定義し
ます。

この構成に至るまでのユースケースでは、ユーザーが動画をアップロードした時に、Userドキュ
メント内にあるVideosサブコレクション内にアップロードされたVideoドキュメントが保存され
ます。

そして、Videoドキュメントが保存されるタイミングをトリガーに、第6章で紹介するCloud
FunctionsでVideosコレクション内にUserドキュメント内にあるVideoドキュメントをコピーし
ます。

図 5.2: User モデルと Video モデルの DB 設計

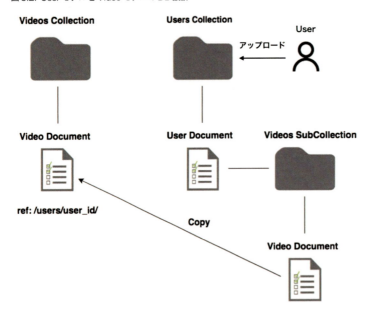

5.3 保存した動画のメタデータの保存と動画再生

第4章で、画面から動画ファイルをアップロードして、保存することができました。

この節では、Firestore に動画のメタデータを保存し、動画を再生できるところまで進みます。動画を再生するまでのおおまかな手順は、次の通りです。

1. 動画アップロード時に公開用 URL を含んだ動画のメタデータを Firestore に保存する
2. 動画を再生するための UI コンポーネントを追加
3. Firestore に保存された動画のメタデータを取得し、公開用 URL を使って動画を再生する

では、前節の DB 設計の図（図5.2）を念頭に実装を進めていきます。

5.3.1　Firestore のセキュリティールールを設定

Firebase のコンソール画面から Database のページに移動し、Firestore のセキュリティールールを設定しましょう。今は、開発途中でいろいろと検証をしたいため、テストモードに設定しましょう。

図 5.3: セキュリティールールの初期設定

5.3.2 動画のメタデータをFirestoreに保存する

動画アップロード時にFirestoreにメタデータを保存するため、アップロードのUIコンポーネントの実装を変更します。

リスト 5.2: アップロードのUIコンポーネントの実装を変更

```
 1: import React, { Component } from 'react';
 2: import firebase from 'firebase/app';
 3: import 'firebase/storage';
 4: + import 'firebase/firestore';
 5: + import _ from 'lodash';
 6:
 7: class Upload extends Component {
 8:   constructor(props) {
 9:     super(props);
10:     this.state = { video: null }
11:   }
12:
13:   handleFileSelect = event => {
14:     event.preventDefault();
15:     const video = event.target.files[0];
16:
17:     this.setState({ file });
18:   }
19:
20:   handleSubmit = event => {
```

```
21:      event.preventDefault();
22:
23:      this.fileUpload(this.state.video);
24:    }
25:
26:    async fileUpload(video) {
27:      try {
28:        const userUid = firebase.auth().currentUser.uid;
29:        const filePath = `videos/${userUid}/${video.name}`;
30:        const videoStorageRef = firebase.storage().ref(filePath);
31: +      const idToken = await firebase.auth().currentUser.getIdToken(true);
32: +      const metadataForStorage = {
33: +        customMetadata: {
34: +          idToken: idToken
35: +        }
36: +      };
37: -      const fileSnapshot = await videoStorageRef.put(video);
38: +      const fileSnapshot = await videoStorageRef.put(video,
metadataForStorage);
39:
40: +      // mp4以外の動画は、Cloud Functions上で、トランスコードした後に
41: +      // メタデータを Firestore に保存する
42: +      if (video.type === 'video/mp4') {
43: +        const downloadURL = await videoStorageRef.getDownloadURL();
44: +        let metadataForFirestore = _.omitBy(fileSnapshot.metadata,
_.isEmpty);
45: +        metadataForFirestore = Object.assign(metadataForFirestore,
{downloadURL: downloadURL});
46: +
47: +        this.saveVideoMetadata(metadataForFirestore);
48: +      }
49: +
50: +      if (fileSnapshot.state === 'success') {
51: +        console.log(fileSnapshot);
52: +
53: +        this.setState({ video: null });
54: +      } else {
55: +        console.log(fileSnapshot);
56: +
57: +        alert('ファイルのアップロードに失敗しました！');
58:        }
```

```
59:      } catch(error) {
60:        console.log(error);
61:
62:        return;
63:      }
64:    }
65:
66: +  saveVideoMetadata(metadata) {
67: +    const userUid = firebase.auth().currentUser.uid;
68: +    const videoRef = firebase.firestore()
69: +                          .doc('users/${userUid}')
70: +                          .collection('videos').doc();
71: +    metadata = Object.assign(metadata, { uid: videoRef.id });
72: +
73: +    await videoRef.set(metadata, { merge: true });
74: +  }
75:
76:    render() {
77:      return (
78:        <form onSubmit={e => this.handleSubmit(e)}>
79:          <h2>Video Upload</h2>
80:          <input
81:            type="file"
82:            accept="video/*"
83:            onChange={e => this.handleFileSelect(e)}
84:          />
85:          <button type="submit">Upload Video</button>
86:        </form>
87:      );
88:    }
89: }
90:
91: export default Upload;
92:
```

リスト5.2を最初から順に解説します。

まずはFirestoreとlodashをインポートします。

```
import 'firebase/firestore';
import _ from 'lodash';
```

第5章　Firestoreによるデータベース管理　49

Firestoreをインポートするのはもちろんですが、lodashもインポートしたのは便利な関数群が使えるためです。

次にFirestoreに保存するメタデータそのものを作成します。変数idTokenとmetadataForStorageは、次の第6章で紹介するCloud Functions内でユーザー情報を取得するのに必要なため、ファイルアップロード時と一緒に渡します。

また、mp4形式以外の動画はCloud Functions内のトランスコード処理をしてからFirestoreにメタデータを保存するため、この時点ではmp4形式の動画に限定した実装にします。

```
const idToken = await firebase.auth().currentUser.getIdToken(true);
const metadataForStorage = {
  customMetadata: {
    idToken: idToken
  }
}
const fileSnapshot = await videoStorageRef.put(video, metadataForStorage);

// mp4以外の動画は、Cloud Functions上で、トランスコードした後に
// メタデータを Firestore に保存する
if (video.type === 'video/mp4') {
  const downloadURL = await videoStorageRef.getDownloadURL();
  let metadataForFirestore = _.omitBy(fileSnapshot.metadata, _.isEmpty);
  metadataForFirestore = Object.assign(metadataForFirestore, {downloadURL:
downloadURL});

  this.saveVideoMetadata(metadataForFirestore);
}
```

最後に、作成したメタデータをFirestoreに保存するsaveVideoMetadata関数を作成します。

```
saveVideoMetadata(metadata) {
  const userUid = firebase.auth().currentUser.uid;
  const videoRef = firebase.firestore()
                    .doc('users/${userUid}')
                    .collection('videos').doc();
  metadata = Object.assign(metadata, { uid: videoRef.id });

  await videoRef.set(metadata, { merge: true });
}
```

これで、mp4形式の動画については、Firestoreへの保存が可能です。テストとして、画面から

50 | 第5章 Firestoreによるデータベース管理

動画をアップロードするとvideosというディレクトリーが作られ、その中に動画のメタデータが保存されていることを確認してみてください。

5.3.3 アップロード時にローディングを表示する

現在のアップロード画面では、動画のアップロードが完了したことが画面からわからないため、アップロードが完了するまでローディング状態を表示する実装を追加します。

まずは、ローディング表示するためのUIライブラリーをインストールします。

```
npm i --save react-loading-overlay
```

実装を次の通りに変更します。

リスト5.3: ローディング表示

```
 1: import React, { Component } from 'react';
 2: + import LoadingOverlay from 'react-loading-overlay';
 3: import firebase from 'firebase/app';
 4: import 'firebase/storage';
 5: import 'firebase/firestore';
 6: import _ from 'lodash';
 7:
 8:
 9: class Upload extends Component {
10:   constructor(props) {
11:     super(props);
12: +     this.state = { video: null, loading: false }
13:   }
14:
15:   handleFileSelect = event => {...}
16:
17:   handleSubmit = event => {
18:     event.preventDefault();
19:
20: +     this.setState({ loading: true });
21:     this.fileUpload(this.state.video);
22:   }
23:
24:   async fileUpload(video) {
25:     try {
26:       const userUid = firebase.auth().currentUser.uid;
27:       const filePath = `origin-videos/${userUid}/${video.name}`;
```

第5章 Firestoreによるデータベース管理 | 51

```
28:         const videoStorageRef = firebase.storage().ref(filePath);
29:         const fileSnapshot = await videoStorageRef.put(video);
30:
31:         // mp4以外の動画は、Cloud Functions上で、トランスコードした後に
32:         // メタデータを Firestore に保存する
33:         if (video.type === 'video/mp4') {
34:           const downloadURL = await videoStorageRef.getDownloadURL();
35:           let metadataForFirestore = _.omitBy(fileSnapshot.metadata,
_.isEmpty);
36:           metadataForFirestore = Object.assign(metadataForFirestore,
{downloadURL: downloadURL});
37:
38:           this.saveVideoMetadata(metadataForFirestore);
39:         }
40:
41:         if (fileSnapshot.state === 'success') {
42:           console.log(fileSnapshot);
43: +
44: +         this.setState({ video: null, loading: false });
45:         } else {
46:           console.log(fileSnapshot);
47: +
48: +         this.setState({ video: null, loading: false });
49:           alert('ファイルのアップロードに失敗しました！');
50:         }
51:       } catch(error) {
52:         console.log(error);
53:       }
54:   }
55:
56:   saveVideoMetadata(metadata) {...}
57:
58:   render() {
59:     return (
60: +       <LoadingOverlay
61: +         active={this.state.loading}
62: +         spinner
63: +         text='Loading your content...'
64: +       >
65: +         <form onSubmit={e => this.handleSubmit(e)}>
66: +           <h2>Video Upload</h2>
```

```
67: +             <input type="file" accept="video/*" onChange={e =>
this.handleFileSelect(e)} />
68: +             <button type="submit">Upload Video</button>
69: +         </form>
70: +       </LoadingOverlay>
71:     );
72:   }
73: }
74:
75: export default Upload;
```

　ローディングを表示するかどうかのフラグとして、Uploadコンポーネントにloadingというステートを追加しました。最初は、アップロードボタンをクリックした時とアップロードが完了した時にそれぞれステートを変更して、ローディング表示を制御します。

　見た目はかなり不細工ですが、ひとまずアップロードできたかどうかを画面から確認できるようになりました。

図5.4: upload_loading

5.3.4　動画を再生する

　次は、画面に動画再生するためのコンポーネントを作成していきます。

　今回はvideo-reactという動画再生プレイヤーのReactコンポーネントのパッケージを使用します。

```
npm i --save video-react
```

　パッケージの追加が完了したら、src/components以下にVideoPlayer.jsというファイルを新たに作成し、そのファイル内に動画再生プレイヤーのコンポーネントを作成します。

リスト5.4: 動画再生プレイヤー
```
1: import React from 'react';
2: import { Player, BigPlayButton } from 'video-react';
3: import 'video-react/dist/video-react.css';
4:
5: const VideoPlayer = props => {
```

```
 6:    return (
 7:      <Player fluid={false} width={620} height={500}>
 8:        <source src={props.video.downloadURL} />
 9:        <BigPlayButton position="center" />
10:      </Player>
11:    );
12: }
13:
14: export default VideoPlayer;
15:
```

　このコンポーネントの役割は、動画のURLを元に動画再生するというシンプルなものであるため、クラスではなく単なる関数として実装します。ちなみに、Reactではこのような単純な処理をするだけ（いわゆる単一責任）で状態（state）を持たないコンポーネントをStateless Functional Component(SFC)と呼びます。

　次に、作成した動画再生プレイヤーのコンポーネントを呼び出して、実際に画面に表示していきます。動画は複数あることを考慮すると、動画再生プレイヤーのコンポーネントも複数描画する必要があります。

　そのため、複数の動画メタデータを配列として保持し、動画再生プレイヤーを表示するためのコンポーネントをsrc/components/VideoFeed.jsとして新規作成します。

リスト5.5: 複数プレイヤーを表示

```
 1: import React, { Component } from 'react';
 2: import firebase from 'firebase/app';
 3: import 'firebase/firestore';
 4: import VideoPlayer from './VideoPlayer';
 5:
 6: class VideoFeed extends Component {
 7:   constructor(props) {
 8:     super(props);
 9:
10:     this.state = { videos: [] }
11:   }
12:
13:   async componentDidMount() {
14:     const datas = [];
15:     const collection = await firebase.firestore()
16:                        .collection('videos')
17:                        .limit(50);
18:     const querySnapshot = await collection.get();
19:
```

54　第5章　Firestoreによるデータベース管理

```
20:      await querySnapshot.forEach(doc => {
21:        datas.push(doc.data());
22:      });
23:
24:      this.setState({ videos: datas });
25:    }
26:
27:    renderVideoPlayers(videos) {
28:      return videos.map(video => {
29:        return (
30:          <VideoPlayer key={video.name} video={video} />
31:        );
32:      });
33:    }
34:
35:    render() {
36:      return (
37:        <div>
38:          {this.renderVideoPlayers(this.state.videos)}
39:        </div>
40:      );
41:    }
42: }
43:
44: export default VideoFeed;
```

componentDidMount関数で、コンポーネントが、マウントされた直後にFirestoreから動画のメタデータを最大50件取得し、メタデータを配列に持ったstateに更新します。

```
async componentDidMount() {
  const datas = [];
  const collection = await firebase.firestore()
                    .collection('videos')
                    .limit(50);
  const querySnapshot = await collection.get();

  await querySnapshot.forEach(doc => {
    datas.push(doc.data());
  });

  this.setState({ videos: datas });
```

```
}
```

componentDidMount 自体は React.Component が持つメソッドでです。今回のように、Ajax によるデータの取得などで使われるケースが多く、事前に動画のメタデータを取得してから動画再生プレイヤーを表示するために使用しています。

このようなメソッドはライフサイクルメソッドと呼ばれ、他にも DOM がレンダリングされる前に実行される componentWillMount などがあります。詳しく知りたい方は、React 公式ドキュメントの State and Lifecycle[1] をご参照ください。

最後に src/components/App.js から VideoFeed.js の呼び出しとルーティングを設定します。

リスト 5.6: Apps.js からの呼び出しとルーティング

```
 1: import React, { Component } from 'react';
 2: import { BrowserRouter as Router, Route, Switch } from 'react-router-dom'
 3: import firebase from 'firebase/app';
 4: import 'firebase/firestore';
 5: import config from '../config/firebase-config';
 6:
 7: // import Application Components
 8: import Header from './Header';
 9: + import VideoFeed from './VideoFeed';
10: import VideoUpload from './VideoUpload';
11:
12: class App extends Component {
13:   constructor() {
14:     super();
15:
16:     // Initialize Firebase
17:     firebase.initializeApp(config);
18:     firebase.firestore().settings({ timestampsInSnapshots: true });
19:   }
20:
21:   render() {
22:     return (
23:       <Router>
24:         <div className="App">
25:           <Header />
26:           <Switch>
27: +           <Route exact path="/" component={VideoFeed} />
28:             <Route path="/upload" component={VideoUpload} />
```

1.https://reactjs.org/docs/state-and-lifecycle.html

56 | 第5章 Firestore によるデータベース管理

```
29:        </Switch>
30:      </div>
31:    </Router>
32:   );
33:  }
34: }
35:
36: export default App;
```

動画表示のレイアウトも少し整えましょう。

リスト5.7: 動画表示のレイアウト調整

```
 1: import React, { Component } from 'react';
 2: + import PropTypes from 'prop-types';
 3: + import { withStyles } from '@material-ui/core/styles';
 4: + import Grid from '@material-ui/core/Grid';
 5: import firebase from 'firebase/app';
 6: import 'firebase/firestore';
 7: import VideoPlayer from './VideoPlayer';
 8:
 9: + const styles = theme => ({
10: +   root: {
11: +     padding: "50px",
12: +   },
13: + });
14:
15: class VideoFeed extends Component {
16:   constructor(props) {
17:     super(props);
18:
19:     this.state = { videos: [] }
20:   }
21:
22:   async componentDidMount() {
23:     const datas = [];
24:     const collection = await firebase.firestore()
25:                         .collection('videos')
26:                         .limit(50);
27:     const querySnapshot = await collection.get();
28:
29:     await querySnapshot.forEach(doc => {
```

第5章 Firestoreによるデータベース管理 | 57

```
30:        datas.push(doc.data());
31:      });
32:
33:      this.setState({ videos: datas });
34:    }
35:
36:    renderVideoPlayers(videos) {
37:      return videos.map(video => {
38:        return (
39: +        <Grid key={video.name} item xs={6}>
40: +          <VideoPlayer key={video.name} video={video} />
41: +        </Grid>
42:        );
43:      });
44:    }
45:
46:    render() {
47: +    const { classes } = this.props;
48:
49:      return (
50: +        <Grid
51: +          container
52: +          className={classes.root}
53: +          spacing={40}
54: +          direction="row"
55: +          justify="flex-start"
56: +          alignItems="center"
57: +        >
58: +          {this.renderVideoPlayers(this.state.videos)}
59: +        </Grid>
60:      );
61:    }
62: }
63:
64: export default VideoFeed;
```

ついにやりました！これで画面から動画が再生できるようになりました。

58 | 第5章　Firestore によるデータベース管理

図 5.5: 一覧画面の例

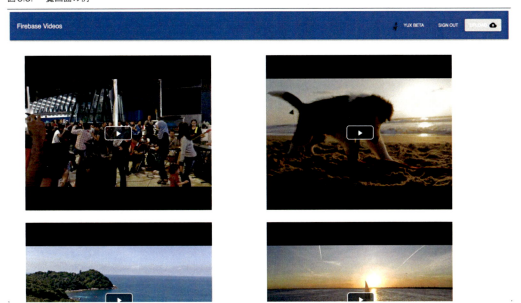

第5章 Firestoreによるデータベース管理

第6章 Cloud Functionsによるサーバーレスなバックエンド処理

6.1 サーバーレスとCloud Functionsについて

Cloud Functionsは、GCP（Google Cloud Platform）が提供するサーバーレスコンピューティングサービスの名称です。主な特徴として、自前でサーバーを構築・管理しなくてもバックエンド側の処理を実行することができます。この章では動画のトランスコード処理を例に、Cloud Functionsを用いたサーバーレス処理について解説します。

ですが、まずその前に「サーバーレス」とは何なのか説明します。

6.1.1 サーバーレスとそのメリット

今日の一般的なWebアプリケーションは、ブラウザーやモバイルアプリなど各種インターフェースを通じてユーザーの操作を受け付けるクライアントと、何らかの処理を行いクライアント側にレスポンスを返すサーバーとで構成される、クライアント・サーバー方式が主流となっています。

複雑なシステムで構成されるアプリケーションの場合、サーバー側の処理には単純なHTTPによるCRUD処理だけではなく、バッチ処理やメッセージングやトランザクション、キャッシュ管理やロードバランシング、クラスタリングなどといったアプリケーションの高速化・負荷対策を担保するために考慮すべきことが多岐にわたります。しかし、これらの環境の構築・運用保守はアプリケーション層のみならずインフラ部分に関するスキルも求められるため、専任の技術者を必要とします。開発者のリソースが充実している大企業ならともかく、スタートアップ企業にとってはサーバーを自前で管理することは多大なコストとなり、その企業本来のビジネスを改善する妨げになります。

しかし、クラウドベンダーが提供するサーバーレスコンピューティングサービスを使用することで、サービスを利用する開発者は自らサーバーの管理をすることなく、サーバー内で実行したい処理だけを実装することが可能となります。開発者に代わってクラウドベンダー側がサーバーリソースの最適化や負荷対策を行うため、利用する側はスケーラビリティを気にする必要がありません。またリソースの使用量に基づいて料金が請求されるため、概して金銭的コストを安くすることができます。

サーバーレス処理は基本的に、ある機能を関数単位で実装しデプロイする、というのがオーソドックスな使い方となっています。デプロイされた関数は、HTTPリクエストまたは各クラウドベンダーが提供する他のサービスと連携して実行されます。これは、機能が関数として作られているので、疎結合な機能同士を組み合わせてアプリケーションを構成する**マイクロサービスアーキテクチャ**とも相性が良いです。

6.1.2 サーバーレスのデメリット

もちろん、メリットだけでなくデメリットもいくつか存在します。それらは次のとおりです。

ベンダーロックインである

サーバーレスコンピューティングは、サーバーの管理をクラウドベンダーに任せてスケーラビリティを担保するというメリットのトレードオフとして、ベンダーロックインが避けられません。OSS至上主義の思想をお持ちの方にとっては、これは大きな問題かもしれません。そうでない方にとっては、これはさほど取るに足らないデメリットでしょう。

使用できるプログラミング言語とバージョンが自由に選べない

これは各クラウドベンダーが提供するサーバーレスコンピューティングによって異なりますが、例えば、FirebaseのCloud Functionsでは、対応しているのはNode.jsとTypeScriptのみです。各クラウドベンダーがサポートする言語とバージョンは、次の表になります。

表6.1: Firebase for Cloud Functions

対応言語	バージョン
Node.js	6系(ベータ版で8系も含む)
TypeScript	2系

表6.2: AWS Lambda

対応言語	バージョン
Node.js	v8.10, v6.10, v4.3
Java	Java 8
Python	3.6, 3.7
C#(.NET Core)	.NET Core 1.0.1, 2.0, 2.1
Go	1.x

6.1.3 Cloud Functionsについて

Cloud Functionsはサーバーレスコンピューティングサービスであるため、前項で述べたサーバーレスの特徴を持ちますが、Cloud Functionsならではの次のような特徴も持っています。

セットアップとデプロイが簡単

セットアップは関数を作成するコマンドとデプロイのコマンドを叩くだけで完了します。AWS Lambdaと比較するとデプロイして実行するまでのステップが短いので、サーバーレスなサービスをあまり触ったことがない人でもすぐに動かせる点が非常に評価できます。

豊富なイベントトリガー

サーバーレス処理の一般的な説明として、イベント駆動で関数が実行されるという説明が多く見

られます。これはつまり、ある特定のエンドポイントURLにHTTPリクエストされた、または他の
サービス（本書の例ならばFirebaseの他の機能）で何かしらの変更が起こった際に、それらをフッ
クに関数が自動実行されるということです。

Cloud Functionsは、次のようなフックとなる多くのイベントトリガーがあります。

・HTTPトリガー

・Firestoreトリガー

・Realtime Databaseトリガー

・Authenticationトリガー

・アナリティクストリガー

・Crashlyticsトリガー

・Cloud Storageトリガー

・Cloud Pub/Subトリガー

このように多くのイベントトリガーをサポートしているため、Cloud Functionsを使った機能追加
や分析など柔軟な対応を可能とします。

環境変数を設定できる

例えば外部APIを使用したい場合、APIキーのようなセキュアな情報を別途環境変数で設定した
いというニーズは当然あります。Cloud Functionsはもちろんこれも折り込み済みです。`firebase
functions:config set xxx.xxx=hoge`というようにコマンドラインから、すぐに設定することが可
能です。

ローカル環境での動作検証

関数をデプロイする前に、テストのために動作検証したい時があります。`firebase
functions:shell`というコマンドを実行するとターミナル上にREPL環境が立ち上がり、そこで
関数内の記述された実装の動作確認ができます。

実際には、REPL環境を立ち上げる前に、アカウント情報が記載されたJSONファイルを**Google
Cloud Console**から事前にダウンロードして環境変数に設定する必要があります。詳細について
は公式ドキュメントのローカルでのファンクションの実行[1]を参照して下さい。

6.2　Cloud Functionsのセットアップとデプロイ

6.2.1　セットアップ

ではいよいよCloud Functionsの実装をはじめましょう。まず、ターミナル上で今回作成した
Firebaseプロジェクトのルートディレクトリーに移動して下さい。

もしCloud Functionsの設定がまだの場合は、次のコマンドを実行してCloud Functionsの雛形を
作成します。

1.https://firebase.google.com/docs/functions/local-emulator?hl=ja

```
firebase init functions
```

コマンドを実行すると、ターミナル上でいくつかの設定について聞かれます。はじめは、どのプロジェクトと紐付けるかの設定についてです。

図6.1: firebase_init_question1

環境構築をした際に作成したFirebaseプロジェクト名が表示されているはずなので、矢印キーで該当するプロジェクト名に移動し、Enterを押して下さい。

次にCloud Functions上で動作するランタイムを選択します。今回は、JavaScriptを選択します。

図6.2: firebase_init_question2

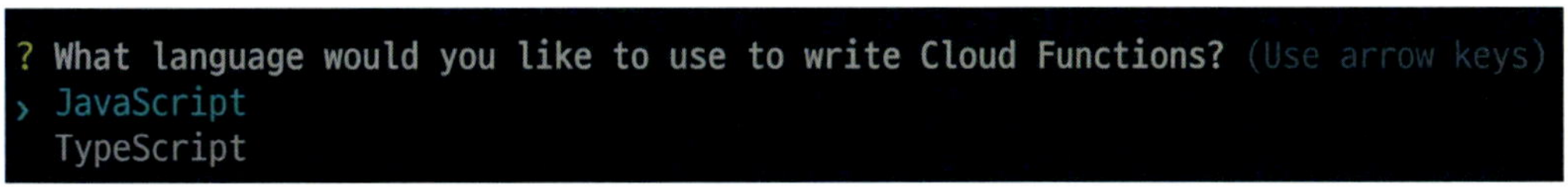

次は、ESLintを有効にするかどうかと依存パッケージをインストールするか聞かれるので、前者はNo、後者はYesを設定します。

図6.3: firebase_init_question3

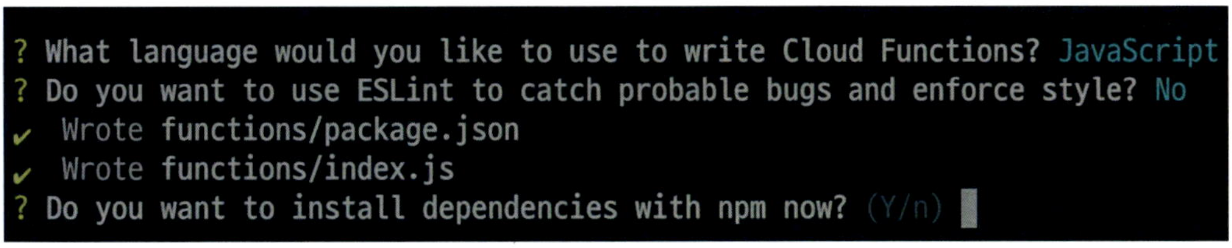

6.2.2　デプロイ

セットアップ完了後にfunctionsというディレクトリーが作成され、その中にindex.jsというファイルがあります。Cloud Functionsの関数は、このindex.jsに実装していきます。

現時点のindex.jsの中身には、コメントアウトされたJavaScriptのコードがあります。

第6章　Cloud Functionsによるサーバーレスなバックエンド処理 | 63

リスト6.1: functions/index.js

```
1: const functions = require('firebase-functions');
2:
3: // // Create and Deploy Your First Cloud Functions
4: // // https://firebase.google.com/docs/functions/write-firebase-functions
5: //
6: // exports.helloWorld = functions.https.onRequest((request, response) => {
7: //   response.send("Hello from Firebase!");
8: // });
```

まずは、コメントアウトをはずして、デプロイが成功することを確認していきましょう。

リスト6.2: コメントアウトを外す

```
1: const functions = require('firebase-functions');
2:
3: exports.saveUser = functions.https.onRequest((request, response) => {
4:   response.send("Hello from Firebase!");
5: });
```

この関数の内容は、任意のURLにHTTPリクエストされた際に「Hello from Firebase!」という文字列を返す処理を実行するだけの単純なものです。

では、デプロイしてみましょう。ターミナル上で、プロジェクトのルートディレクトリーにいる場合は、

```
firebase deploy --only functions
```

あるいは、functionsディレクトリー以下にいる場合は、

```
npm run deploy
```

でも可能です。

デプロイが成功すると、成功した旨の表示がされます。

図6.4: message_sucess_deploy

```
> functions@ deploy /Users/samuraikun/Desktop/firebase-sample-for-book/functions
> firebase deploy --only functions


=== Deploying to 'sample-for-book'...

i  deploying functions
i  functions: ensuring necessary APIs are enabled...
✔  functions: all necessary APIs are enabled
i  functions: preparing functions directory for uploading...
i  functions: packaged functions (40.96 KB) for uploading
✔  functions: functions folder uploaded successfully
i  functions: creating Node.js 6 function helloWorld(us-central1)...
✔  functions[helloWorld(us-central1)]: Successful create operation.
Function URL (helloWorld): https://us-central1-sample-for-book.cloudfunctions.net/helloWorld

✔  Deploy complete!

Project Console: https://console.firebase.google.com/project/sample-for-book/overview
```

Function URLというURLがあるので、アクセスすると「Hello From Firebase!」という文字列が表示されます。また、FirebaseのコンソールからCloud Functionsのページに進むと、デプロイした関数があります。

関数のURLにアクセスした際にその関数が実行されたので、ログも次の画像のように表示されます。

図6.5: functions_log

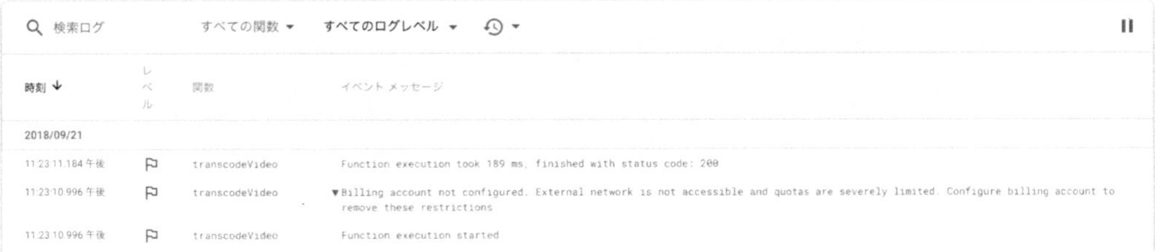

これで最初の関数をデプロイすることができました。次節では、ユーザーが、新規登録した際に、Firestoreにユーザー情報を保存する関数を実装します。

6.3 新規登録時に、ユーザー情報を保存する

6.3.1 関数のランタイムを変更

今回のCloud Functionsでは、ランタイムをJavaScript(Node.js)に指定しましたが、デフォルトのバージョンは6系なので、これを（現在はまだベータ版ですが）8系に変更します。

その理由としては、Node.js v7.6以降から、async/await構文が使えるようになったためです。Cloud Functionsが8系をサポートする以前にasync/awaitを使いたい場合はTypeScriptを使う必要がありましたが、本書では8系のNode.jsを使用します。

第6章　Cloud Functionsによるサーバーレスなバックエンド処理　｜　65

functions/package.jsonに以下のような設定を追加して下さい。

```
"engines": { "node": "8" }
```

6.3.2 イベントトリガーの変更

現状の実装は、HTTPリクエストをトリガーにしているので、新規登録をトリガーにした関数に変更します。実装を次のように変更します。

リスト6.3: 新規登録をトリガーにした関数に変更
```
1: const functions = require('firebase-functions');
2:
3: - exports.saveUser = functions.https.onRequest((request, response) => {
4: + exports.saveUser = functions.auth.user().onCreate(async user => {
5:   response.send("Hello from Firebase!");
6: });
```

6.3.3 認証用のアカウント情報を取得する

Cloud Functions内でFirebase Authenticationと連携する際には、アカウント情報が必要となります。

まずFirebaseのプロジェクトのコンソール画面にアクセスして、画面左上にある歯車アイコンをクリックし、**プロジェクトの設定**をクリックして下さい。

図6.6: プロジェクトの設定

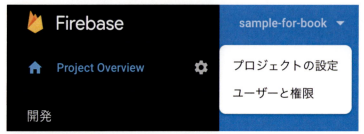

次に、サービスアカウント画面で**秘密鍵の生成**をクリックして下さい。JSONファイルをダウンロードできるので、service_account.jsonというファイル名に変更します。functionsディレクトリー以下にconfigというディレクトリーを新規作成し、functions/config以下にservice_account.jsonを移動させて下さい。

図 6.7: アカウント情報のダウンロード画面

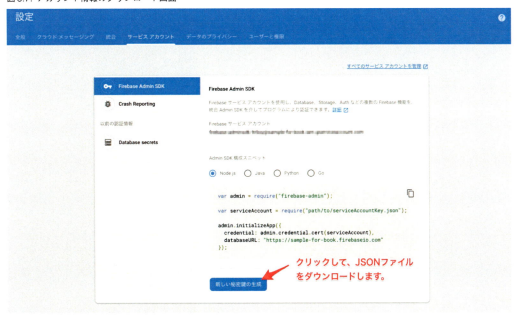

このファイルの情報は**絶対に外部に漏らしてはいけない**ため、GitHubなどリモート環境でGit管理している場合は.gitignoreにservice_account.jsonを追加して、誤ってプッシュしないように気をつけましょう！

6.3.4　新規登録ユーザーの情報を保存する関数の実装

新規登録時に、ユーザー情報をFirestoreに保存する実装がこちらになります。

リスト6.4: functions/saveUser.js

```
 1: const functions = require('firebase-functions');
 2: const serviceAccount = require('./config/service_account.json');
 3: const admin = require('firebase-admin');
 4: try {
 5:   admin.initializeApp({
 6:     credential: admin.credential.cert(serviceAccount),
 7:     databaseURL: "https://fir-reacty-videos.firebaseio.com"
 8:   });
 9:   admin.firestore().settings({timestampsInSnapshots: true});
10: } catch (error) {
11:   console.log(error);
12: }
13:
14: const defaultUserIcon = 'https://randomuser.me/api/portraits/med/men/1.jpg';
15:
```

```
16: exports.saveUser = functions.auth.user().onCreate(async user => {
17:   try {
18:     const result = await admin.firestore().doc('users/${user.uid}').create({
19:       uid: user.uid,
20:       displayName: user.displayName || '名無しさん',
21:       email: user.email,
22:       emailVerified: user.emailVerified,
23:       photoURL: user.photoURL || defaultUserIcon,
24:       phoneNumber: user.phoneNumber,
25:       providerData: {
26:         providerId: user.providerData.length === 0 ? 'password' :
user.providerData[0].providerId,
27:         uid: user.providerData.length === 0 ? user.email :
user.providerData[0].uid
28:       },
29:       disabled: user.disabled
30:     });
31:
32:     console.log('Save User info! Document written at:
${result.writeTime.toDate()}');
33:   } catch (error) {
34:     console.log(error);
35:   }
36: });
```

　12行目までは、Cloud Functions 内で、Firebase の API を使用するためのアクセス権限の設定処理です。18行目以降で、関数実行時に渡されるユーザー情報のオブジェクトを Firestore に保存します。

6.4　トランスコード処理の概要

　この節では、Cloud Functions を用いた具体的な例として、動画のトランスコード処理の仕様について説明します。

　第5章で動画を Cloud Storage にアップロードすることができました。しかし動画には様々な圧縮形式と拡張子のファイルが存在し、ブラウザーや OS によって再生できる動画の拡張子は異なります。またユーザーがアップロードする動画もどんな拡張子の動画なのかは予想がつきません。

　ただ、mp4形式の動画についてはほぼ全てのブラウザーと OS で再生することができるデファクトスタンダードとなっています。

　そのため、この章では、Cloud Storage に何らかの動画がアップロードされたタイミングで、アップロードされた動画を mp4 に変換する関数を作っていきます。

動画のアップロードから、関数の実行と終了までの流れは次のイメージとなります。

図 6.8: transcode_video_functions

6.5 トランスコード関数の実装

Cloud Functions は、Cloud Storage に対する複数のイベントトリガーを持っています。

今回は、コンテンツを Cloud Storage にアップロードが完了したタイミングで関数を実行してほしいため、onFinalize() というトリガー用の関数を使用しています。

表 6.3: Cloud Storage に対するイベントトリガーの種類

トリガー関数	内容
onFinalize	Cloud Storage へのアップロードが完了した時点で、関数を実行する
onArchive	バージョニングを有効にしているオブジェクトと同じ名前のオブジェクトをアップロードした時に、関数を実行する
onDelete	オブジェクトが完全に削除された時に、関数を実行する
onMetadataUpdate	既存オブジェクトのメタデータが変更された時に関数を実行する

6.5.1 トランスコード処理に必要なライブラリーの追加

次のコマンドを functions ディレクトリー以下で、実行して下さい。

```
npm i --save @google-cloud/storage ffmpeg-static fluent-ffmpeg uuid-v4
```

まず、@google-cloud/storage についてです。このライブラリーは、Cloud Storage にトランスコードされた動画をアップロードするために、必要な SDK です。

ここで、Firebase の Cloud Storage ではなく、GCP の Cloud Storage のライブラリーを使うことに

疑問を感じた方もいるかもしれません。Cloud Functionsの処理はバックエンド側の処理になるため、サーバー専用のFirebase Admin SDKを使うか、直接GCPのCloud StorageのSDKを使うかのどちらかになります。

とはいっても、Firebase Admin SDKから呼び出せるCloud Storageは、GCPのCloud Storageであるため、本家ともいえるCloud StorageのSDKを使用します。

ffmpeg-staticとfluent-ffmpegは、音声及び動画のトランスコードをするライブラリーとして有名なものです。uuid-v4については、一意となる値を生成するためのライブラリーです。必要な理由は後述します。

6.5.2　トランスコード処理の実装

これで、いよいよ実装するための準備が整いました。実装の全容としては、次のとおりです。先頭から順に実装内容について解説します。

functions/index.js

リスト6.5: functions/index.js

```
 1: const functions = require('firebase-functions');
 2: const path = require('path');
 3: const os = require('os');
 4: const fs = require('fs');
 5: const ffmpeg = require('fluent-ffmpeg');
 6: const ffmpeg_static = require('ffmpeg-static');
 7: const UUID = require('uuid-v4');
 8: const serviceAccount = require('./config/service_account.json');
 9:
10: const {Storage} = require('@google-cloud/storage');
11: const gcs = new Storage({keyFilename: './config/service_account.json'});
12:
13: const admin = require('firebase-admin');
14: admin.initializeApp({
15:   credential: admin.credential.cert(serviceAccount),
16:   databaseURL: "https://fir-reacty-videos.firebaseio.com"
17: });
18: admin.firestore().settings({timestampsInSnapshots: true});
19:
20: function promisifyCommand(command) {
21:   return new Promise((resolve, reject) => {
22:     command.on('end', resolve).on('error', reject).run();
23:   });
24: }
25:
```

70 | 第6章　Cloud Functionsによるサーバーレスなバックエンド処理

```
26: async function saveVideoMetadata(userToken, metadata) {
27:   const decodedToken = await admin.auth().verifyIdToken(userToken);
28:   const userUid = decodedToken.uid;
29:   const videoRef = admin.firestore()
30:                       .doc('users/${userUid}')
31:                       .collection('videos')
32:                       .doc();
33:   metadata = Object.assign(metadata, { uid: videoRef.id });
34:
35:   await videoRef.set(metadata, { merge: true });
36: }
37:
38: exports.transcodeVideo = functions.storage.object().onFinalize(async object
=> {
39:   try {
40:     const contentType = object.contentType;
41:
42:     if (!contentType.includes('video') || contentType.endsWith('mp4')) {
43:       console.log('quit execution!')
44:       return;
45:     }
46:
47:     const bucketName = object.bucket;
48:     const bucket = gcs.bucket(bucketName);
49:     const filePath = object.name;
50:     const fileName = filePath.split('/').pop();
51:     const tempFilePath = path.join(os.tmpdir(), fileName);
52:     const videoFile = bucket.file(filePath);
53:
54:     const targetTempFileName = '${fileName.replace(/\.[^/.]+$/,
'')}_output.mp4';
55:     const targetTempFilePath = path.join(os.tmpdir(), targetTempFileName);
56:     const targetTranscodedFilePath = 'transcoded-videos/${targetTempFileName}'
57:     const targetStorageFilePath = path.join(
58:                                 path.dirname(targetTranscodedFilePath),
59:                                 targetTempFileName
60:                             );
61:
62:     await videoFile.download({destination: tempFilePath});
63:
64:     const command = ffmpeg(tempFilePath)
```

```
65:       .setFfmpegPath(ffmpeg_static.path)
66:       .format('mp4')
67:       .output(targetTempFilePath);
68:
69:     await promisifyCommand(command);
70:
71:     const token = UUID();
72:     await bucket.upload(targetTempFilePath, {
73:       destination: targetStorageFilePath,
74:       metadata: {
75:         contentType: 'video/mp4',
76:         metadata: {
77:           firebaseStorageDownloadTokens: token
78:         }
79:       }
80:     });
81:
82:     let transcodedVideoFile = await bucket.file(targetStorageFilePath);
83:     let metadata = await transcodedVideoFile.getMetadata();
84:     const downloadURL = 'https://firebasestorage.googleapis.com/v0/b/
${bucketName}/o/${encodeURIComponent(targetTranscodedFilePath)}?alt=media&token
=${token}';
85:     metadata = Object.assign(metadata[0], {downloadURL: downloadURL});
86:     const userToken = object.metadata.idToken;
87:
88:     await saveVideoMetadata(userToken, metadata);
89:
90:     fs.unlinkSync(tempFilePath);
91:     fs.unlinkSync(targetTempFilePath);
92:
93:     console.log('Transcode execution was finished!');
94:   } catch (error) {
95:     console.log(error);
96:     return;
97:   }
98: });
```

　まずは、必要なライブラリーをインポートする部分と各設定の初期化部分です。

リスト6.6: ライブラリーをインポート

```
 1: const functions = require('firebase-functions');
 2: const path = require('path');
 3: const os = require('os');
 4: const fs = require('fs');
 5: const ffmpeg = require('fluent-ffmpeg');
 6: const ffmpeg_static = require('ffmpeg-static');
 7: const UUID = require('uuid-v4');
 8: const serviceAccount = require('./config/service_account.json');
 9:
10: const {Storage} = require('@google-cloud/storage');
11: const gcs = new Storage({keyFilename: './config/service_account.json'});
12:
13: const admin = require('firebase-admin');
14: admin.initializeApp({
15:   credential: admin.credential.cert(serviceAccount),
16:   databaseURL: "https://fir-reacty-videos.firebaseio.com"
17: });
18: admin.firestore().settings({timestampsInSnapshots: true});
19:
```

変数gcsでは、秘密鍵を含む認証情報のファイルを用いてCloud Storageのインスタンスを生成します。同様にadmin.initializeApp()では、Firebaseの各機能を使えるようにFirebase Admin SDKにも認証情報を渡して初期化処理を行います。

admin.firestore().settingsは、FirestoreのTimestamp型のフィールドを取得する際に、JavaScriptのDate型ではなく、新しいTimestampクラスのインスタンスを取得できるようにしています。これは、Firestore側で保存されるタイムスタンプがマイクロ秒単位であることに対して、JavaScriptのDate型がミリ秒単位であるため、その違いにより発生するバグを防ぐためです。

```
function promisifyCommand(command) {
  return new Promise((resolve, reject) => {
    command.on('end', resolve).on('error', reject).run();
  });
}
```

この関数は、ffmpegによりトランスコードされた動画ファイルを、Promiseオブジェクトとしてラップして返します。transcodeVideo関数内で、async/await構文とともに使うためです。

では、transcodeVideo関数の実装を見ていきましょう。

リスト6.7: transcodeVideo関数

```
1: exports.transcodeVideo = functions.storage.object().onFinalize(async object
=> {
2:   try {
3:     const contentType = object.contentType;
4:     if (!contentType.includes('video') || contentType.endsWith('mp4')) {
5:       console.log('quit execution!')
6:       return;
7:     }
```

この関数内で、async/await構文を使用するため、asyncキーワードを追加しています。またIf文の条件では、動画以外のファイルあるいはアップロード動画がすでにmp4形式の場合は、関数を終了させます。

これで、トランスコードした動画を再度Cloud Storageにアップロードする際に、それをトリガーにこの関数がまた実行されるという無限ループを防ぐこともできます。

次にアップロードした動画のメタデータとCloud Functions上のサーバー内で、一時的に動画をダウンロードするための保存先のパスをを設定します。

リスト6.8: 保存先のパスを設定

```
1: const bucketName = object.bucket;
2: const bucket = gcs.bucket(bucketName);
3: const filePath = object.name;
4: const fileName = filePath.split('/').pop();
5: const tempFilePath = path.join(os.tmpdir(), fileName);
6: const videoFile = bucket.file(filePath);
7:
8: const targetTempFileName = `${fileName.replace(/\.[^/.]+$/, '')}_output.mp4`;
9: const targetTempFilePath = path.join(os.tmpdir(), targetTempFileName);
10: const targetTranscodedFilePath = `transcoded-videos/${targetTempFileName}`;
11: const targetStorageFilePath = path.join(path.dirname(targetTranscodedFilePath)
, targetTempFileName);
```

動画の一時的な保存先のパスは、tmp/transcoded-videos/アップロードした動画のファイル名_output.mp4で設定します。

Cloud Storageから動画をダウンロードし、トランスコードします。

リスト6.9: 動画をトランスコード

```
1: await videoFile.download({destination: tempFilePath});
2:
3: const command = ffmpeg(tempFilePath)
4:   .setFfmpegPath(ffmpeg_static.path)
5:   .format('mp4')
```

```
6:    .output(targetTempFilePath);
7:
8: await promisifyCommand(command);
```

　次は、トランスコードされた動画を Cloud Storage にアップロードし、動画のメタデータを Firestore
に保存します。

リスト6.10: 動画のメタデータを保存
```
1: const token = UUID();
2: await bucket.upload(targetTempFilePath, {
3:   destination: targetStorageFilePath,
4:   metadata: {
5:     contentType: 'video/mp4',
6:     metadata: {
7:       firebaseStorageDownloadTokens: token
8:     }
9:   }
10: });
11:
12: let transcodedVideoFile = await bucket.file(targetStorageFilePath);
13: let metadata = await transcodedVideoFile.getMetadata();
14: const downloadURL = 'https://firebasestorage.googleapis.com/v0/b/${bucketName}
/o/${encodeURIComponent(targetTranscodedFilePath)}?alt=media&token=${token}';
15: metadata = Object.assign(metadata[0], {downloadURL: downloadURL});
16: const userToken = object.metadata.idToken;
17:
18: await saveVideoMetadata(userToken, metadata);
```

　この実装では、Firestore に保存するメタデータに動画の公開用 URL を追加するために少し工夫を
しています。それは変数 downloadURL です。

　この変数には、Cloud Storage に保存された動画の公開用 URL の静的な文字列部分と、動的なバ
ケット名とエンコードされた動画ファイルのパス、トークンを設定して、公開用 URL を作成します。

　これは、クライアント側から動画を再生する際に Firestore のメタデータを取得し、そこから動画
の公開用 URL を HTML の Video タグに渡して、動画を再生するというユースケースを想定している
からです。

　通常、動画の公開用 URL を取得したい場合、クライアント側なら FirebaseSDK に getDownloadURL()
というメソッドを使用して簡単に取得することができます。しかし、Cloud Functions のようなサー
バー環境で使用する Firebase Admin SDK には、同様のメソッドは存在しません。他の方法として
署名済み URL を取得するという方法も考えられますが、今回は手軽で便利なこちらの方法を採用し
ました。

ただ本番運用を考慮すると、アップロードされた動画は認証済みのユーザーだけが再生できるようにしたい、というユースケースの対応は必須です。その場合には、署名済みURLを使った動画再生にすべきですが、Firebaseの枠を超えてGCPのIAM（Identity and Access Management）が関係してくるため、本書の例では割愛します。

なお、今回の方法はFirebase Admin SDK及びGoogle Cloud Storage SDKのインターフェースを用いた方法ではないため、あまり推奨できる方法ではありません。

次にsaveVideoMetadata関数についてみていきましょう。この関数では、アップロードしたユーザーの情報を含むメタデータを保存します。

その方法として、Cloud Functions内では直接ユーザー情報を取得できないため、Cloud Functions実行時にクライアントから受け取ったトークン値からユーザー情報を取得し、Firestoreに保存を行います。

リスト6.11: メタデータをFirestoreに保存

```
 1: async function saveVideoMetadata(userToken, metadata) {
 2:   const decodedToken = await admin.auth().verifyIdToken(userToken);
 3:   const user_id = decodedToken.uid;
 4:   const videoRef = admin.firestore()
 5:                       .doc('users/${user_id}')
 6:                       .collection('videos')
 7:                       .doc();
 8:   metadata = Object.assign(metadata, { uid: videoRef.id });
 9:
10:   await videoRef.set(metadata, { merge: true });
11: }
```

残りは、トランスコード済み動画の削除とcatch節に簡単なログを残す実装だけを追加します。

リスト6.12: トランスコード済み動画の削除

```
 1: ...
 2:     fs.unlinkSync(tempFilePath);
 3:     fs.unlinkSync(targetTempFilePath);
 4:
 5:     console.log('Transcode execution was finished!');
 6:   } catch (error) {
 7:     console.log(error);
 8:     return;
 9:   }
10: });
```

これで、関数の実装が完了したので、デプロイをしましょう。

```
// プロジェクトのルートディレクトリーからデプロイする場合
firebase deploy --only functions

// functions ディレクトリー以下からデプロイする場合
npm run deploy
```

6.5.3　テスト

では実際に、ブラウザーやFirebaseのコンソール画面からmp4以外の動画をアップロードしてみましょう。ここでは、sample.movというファイル名の動画をアップロードします。

図6.9: upload_target_video

しばらくすると、Cloud Functionsのログに、「Transcode execution was finished!」というログが表示されるはずです。

図6.10: transcodeVideo関数の実行ログ

※無料プランの場合、Cloud Functionsのマシンリソースが貧弱なため、メモリーリークが原因でCloud Functionsが落ちるかもしれません。そのため、筆者の検証では500KBにも満たない動画で検証を行いました。よりデータが大きい動画を処理する場合はFirebaseのプランを変更し、よりスペックの高いCloud Functionsを使ったり、動画のトランスコード処理をチャンクに分けて実行するなどの工夫が必要になります。

次に、Cloud Storageにはtranscoded-videosというディレクトリーが作成され、その中にsample_output.mp4というサフィックスがついた動画があります。

図6.11: transcoded_video_storage

| | sample_output.mp4 | 485.5 KB | video/mp4 | 2018/09/23 |

　Firestoreには、トランスコードした動画のメタデータが保存されます。downloadURLもあるので、このURLにアクセスして動画が再生できるかを確認して下さい。アプリケーションもクライアント側が問題なければ、動画が再生できます。

図6.12: transcoded_video_metadata

　同様に、トランスコードする必要ないmp4動画も検証してみて下さい。
　こちらでは5章で実装した通り、クライアント側からのアップロード時にFirestoreにメタデータを保存します。Cloud Functionsの処理は「quit execution!」というログだけ残し、すぐに終了されます。

6.6　動画メタデータのコピー

　ここまでの実装で、アップロードされた動画のメタデータはFirestoreのUserドキュメント内のVideosサブコレクションに保存されました。
　しかし、現状のDB構成の場合、例えば動画のメタデータを一覧で取得したいという場合にUserドキュメントを介する必要があり、クエリの記述量が増えます。
　そのため、次の図の構成のように新たにVideosコレクションを作成し、そこに各ユーザーに紐づくVideoドキュメントをアップロード完了後、またはトランスコード完了後にコピーします。

図6.13: UserモデルとVideoモデルのDB設計

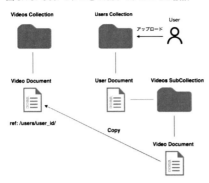

※あえて重複データを生成し、リレーションを表現するような非正規化は一般的にRDBMSでは悪手とされます。しかしFirestoreのようなNoSQLデータベースでは、NoSQLの特徴上あまり悪手とはみなされていません。詳細を知りたい方は、筆者による次のQiita記事が参考になるかと思われます。

・Firestoreで、DB設計を考える際に参考になった情報
　──https://qiita.com/samuraikun/items/dfe7d1081f62359b0dcd

6.6.1 メタデータをコピーする関数の実装

今回新たに実装する関数は、`copyVideoMetadata`です。
このユースケースでは、関数は次のような手順で実行されます。

1. クライアントから動画アップロードされる、またはアップロードされたmp4形式以外の動画が、トランスコードされる
2. Firestoreに動画のメタデータが保存される
3. 動画メタデータが、Firestoreへ保存されるのをトリガーに`copyVideoMetadata`関数を実行
4. Firestoreに存在するVideosコレクション内に、コピー元のVideoドキュメントが保存される

では早速、関数を実装してみたいところですが、現状`functions/index.js`の1ファイルに全ての実装がされています。このままではメンテナンスに難があるので、関数ごとに実装をファイルに分け、`functions/index.js`は単にCloud Functionsのエンドポイントとして変更します。

まずは、`functions/index.js`を次のように変更します。

リスト6.13: functions/index.js

```
1: /*
2:  * Triggers when a user upload video file, video is transcoded mp4.
3:  */
4: if (!process.env.FUNCTION_NAME || process.env.FUNCTION_NAME === 'transcodeVideo') {
5:   exports.transcodeVideo = require('./transcodeVideo').transcodeVideo;
6: }
7:
```

```
 8: /*
 9: * Triggers when was created new user, user account is saved Firestore.
10: */
11: if (!process.env.FUNCTION_NAME || process.env.FUNCTION_NAME === 'saveUser') {
12:   exports.saveUser = require('./saveUser').saveUser;
13: }
14:
15: /*
16: * Triggers when was created new video data, video data is copied Firestore
17: */
18: if (!process.env.FUNCTION_NAME || process.env.FUNCTION_NAME ===
'onUsersVideoCreate') {
19:   const copyVideoMetadata = require('./copyVideoMetadata');
20:   exports.onUsersVideoCreate = copyVideoMetadata.onUsersVideoCreate;
21: }
22:
23: /*
24: * Triggers when was updated new video data, video data is copied Firestore
25: */
26: if (!process.env.FUNCTION_NAME || process.env.FUNCTION_NAME ===
'onUsersVideoUpdate') {
27:   const copyVideoMetadata = require('./copyVideoMetadata');
28:   exports.onUsersVideoUpdate = copyVideoMetadata.onUsersVideoUpdate;
29: }
```

どの関数も if (!process.env.FUNCTION_NAME || process.env.FUNCTION_NAME === '関数名') という条件式を評価させています。これは、Cloud Functionsのパフォーマンスを高速化させるために用意しているものです。

Cloud Functionsでは、その仕組み上1リクエストに対し1インスタンスで内部処理されます。新しくリクエストを受け取った場合、Cloud Functions側では空いているインスタンスを探すか、空きがなければインスタンスを新規生成します。インスタンスを新規生成する場合はCold Startと呼ばれ、レスポンスが返るまでに時間がかかり、これは仕組み上回避することはできません。

今回のケースでは、仮に funtions/index.js 内に全ての関数を実装している場合、ある関数では使用しているが一方では使用していないというようなライブラリーのロードが発生します。

そのため、実行対象の関数のモジュールのみをロードしてライブラリーのロード時間を削減し、結果的にCloud Functionsを高速化につながるように今回の条件式を追加しています。

次に示すのが、それぞれの関数を別ファイルに分けたものです。

リスト6.14: functions/transcodeVideo.js

```
 1: const functions = require('firebase-functions');
 2: const path = require('path');
 3: const os = require('os');
 4: const fs = require('fs');
 5: const ffmpeg = require('fluent-ffmpeg');
 6: const ffmpeg_static = require('ffmpeg-static');
 7: const UUID = require('uuid-v4');
 8: const serviceAccount = require('./config/service_account.json');
 9:
10: const {Storage} = require('@google-cloud/storage');
11: const gcs = new Storage({keyFilename: './config/service_account.json'});
12:
13: const admin = require('firebase-admin');
14:
15: try {
16:   admin.initializeApp({
17:     credential: admin.credential.cert(serviceAccount),
18:     databaseURL: "https://fir-reacty-videos.firebaseio.com"
19:   });
20:   admin.firestore().settings({timestampsInSnapshots: true});
21: } catch (error) {
22:   console.log(error);
23: }
24:
25: function promisifyCommand(command) {
26:   return new Promise((resolve, reject) => {
27:     command.on('end', resolve).on('error', reject).run();
28:   });
29: }
30:
31: async function saveVideoMetadata(userToken, metadata) {
32:   const decodedToken = await admin.auth().verifyIdToken(userToken);
33:   const user_id = decodedToken.uid;
34:   const videoRef = admin.firestore()
35:                       .doc('users/${user_id}')
36:                       .collection('videos')
37:                       .doc();
38:   metadata = Object.assign(metadata, { uid: videoRef.id });
39:
40:   await videoRef.set(metadata, { merge: true });
41: }
```

```
42:
43: exports.transcodeVideo = functions.storage.object().onFinalize(async object
=> {
44:   try {
45:     const contentType = object.contentType;
46:
47:     if (!contentType.includes('video') || contentType.endsWith('mp4')) {
48:       console.log('quit execution!')
49:       return;
50:     }
51:
52:     const bucketName = object.bucket;
53:     const bucket = gcs.bucket(bucketName);
54:     const filePath = object.name;
55:     const fileName = filePath.split('/').pop();
56:     const tempFilePath = path.join(os.tmpdir(), fileName);
57:     const videoFile = bucket.file(filePath);
58:
59:     const targetTempFileName = `${fileName.replace(/\.[^/.]+$/,
'')}_output.mp4`;
60:     const targetTempFilePath = path.join(os.tmpdir(), targetTempFileName);
61:     const targetTranscodedFilePath = `transcoded-videos/${targetTempFileName}
`;
62:     const targetStorageFilePath = path.join(path.dirname(targetTranscodedFile
Path), targetTempFileName);
63:
64:     await videoFile.download({destination: tempFilePath});
65:
66:     const command = ffmpeg(tempFilePath)
67:       .setFfmpegPath(ffmpeg_static.path)
68:       .format('mp4')
69:       .output(targetTempFilePath);
70:
71:     await promisifyCommand(command);
72:
73:     const token = UUID();
74:     await bucket.upload(targetTempFilePath, {
75:       destination: targetStorageFilePath,
76:       metadata: {
77:         contentType: 'video/mp4',
78:         metadata: {
```

```
79:          firebaseStorageDownloadTokens: token
80:        }
81:      }
82:    });
83:
84:    let transcodedVideoFile = await bucket.file(targetStorageFilePath);
85:    let metadata = await transcodedVideoFile.getMetadata();
86:
87:    const baseURL = 'https://firebasestorage.googleapis.com/v0/b';
88:    encodedFilePath = encodeURIComponent(targetTranscodedFilePath);
89:    const downloadURL = `${baseURL}/${bucketName}/o/${encodedFilePath}
?alt=media&token=${token}`;
90:
91:    metadata = Object.assign(metadata[0], {downloadURL: downloadURL});
92:    const userToken = object.metadata.idToken;
93:
94:    await saveVideoMetadata(userToken, metadata);
95:
96:    fs.unlinkSync(tempFilePath);
97:    fs.unlinkSync(targetTempFilePath);
98:
99:    console.log('Transcode execution was finished!');
100:  } catch (error) {
101:    console.log(error);
102:    return;
103:  }
104: });
```

リスト6.15: functions/saveUser.js

```
 1: const functions = require('firebase-functions');
 2: const serviceAccount = require('./config/service_account.json');
 3: const admin = require('firebase-admin');
 4:
 5: try {
 6:   admin.initializeApp({
 7:     credential: admin.credential.cert(serviceAccount),
 8:     databaseURL: "https://fir-reacty-videos.firebaseio.com"
 9:   });
10:   admin.firestore().settings({timestampsInSnapshots: true});
11: } catch (error) {
12:   console.log(error);
```

```
13: }
14:
15: exports.saveUser = functions.auth.user().onCreate(async user => {
16:   try {
17:     const result = await admin.firestore().doc('users/${user.uid}').create({
18:       uid: user.uid,
19:       displayName: user.displayName,
20:       email: user.email,
21:       emailVerified: user.emailVerified,
22:       photoURL: user.photoURL,
23:       phoneNumber: user.phoneNumber,
24:       providerData: {
25:         providerId: user.providerData[0].providerId,
26:         uid: user.providerData[0].uid
27:       },
28:       disabled: user.disabled
29:     });
30:
31:     console.log('Save User info! Document written at:
${result.writeTime.toDate()}');
32:   } catch (error) {
33:     console.log(error);
34:   }
35: });
```

そして、今回新たに追加するcopyVideoMetadata関数の実装です。

　基本的には、コピー元のVideoドキュメントをVideosコレクション内のドキュメントとしてコピーするだけです。VideosコレクションのVideoドキュメントからユーザーを辿れるように、28行目でuserRefというリファレンス型のフィールドを持ったドキュメントとしてFirestoreに保存します。

リスト6.16: functions/copyVideoMetadata.js

```
1: const functions = require('firebase-functions');
2: const serviceAccount = require('./config/service_account.json');
3: const admin = require('firebase-admin');
4:
5: try {
6:   admin.initializeApp({
7:     credential: admin.credential.cert(serviceAccount),
8:     databaseURL: "https://fir-reacty-videos.firebaseio.com"
9:   });
```

```
10:    admin.firestore().settings({timestampsInSnapshots: true});
11: } catch (error) {
12:    console.log(error);
13: }
14: const firestore = admin.firestore();
15:
16: exports.onUsersVideoCreate = functions
17:                             .firestore
18:                             .document('users/{userId}/videos/{videoId}')
19:                             .onCreate(async (snapshot, context) => {
20:    await copyToRootWithUsersVideoSnapshot(snapshot, context);
21: });
22:
23: exports.onUsersVideoUpdate = functions
24:                             .firestore
25:                             .document('users/{userId}/videos/{videoId}')
26:                             .onUpdate(async (change, context) => {
27:    await copyToRootWithUsersVideoSnapshot(change.after, context);
28: });
29:
30: async function copyToRootWithUsersVideoSnapshot(snapshot, context) {
31:    const userId = context.params.userId;
32:    const videoId = context.params.videoId;
33:    const video = snapshot.data();
34:    video.userRef = firestore.collection('users').doc(userId);
35:
36:    await firestore.collection('videos').doc(videoId).set(video, { merge: true
});
37: }
```

　これで動画のメタデータのコピーが可能となり、この関数の実行後は、Userドキュメント内のメタデータがVideosコレクション内のドキュメントとしてコピーされます。

第7章 セキュリティールール

　一般的なWebアプリケーションでは、リソースへのアクセスはサーバー経由であるため、リソースのアクセス権限管理はサーバーがその責務を負い、安全性を担保しています。しかし、ここまでのFirebaseを使った開発ではクライアントとデーターベースが直接やりとりしているため、セキュリティー面で安全とは言えません。

　そのため、FirebaseではリソースへのアクセスXの権限の管理方法として**セキュリティールール**という機能を提供しています。

　実態としては、Firebaseのコンソール画面または`firestore.rules`や`storage.rules`といった設定ファイルに、セキュリティールール用のDSL(ドメイン固有言語)で設定を記述します。

7.1　セキュリティールールを記述する

　まずは、どのようにリソースのアクセス権限を管理したいかを決めます。今回は、次の条件でリソースの権限管理を行います。

- ・認証済みユーザーができること
  - —Videosコレクション内の全てのVideoドキュメントに対するRead処理
  - —Usersコレクション内の全てのUserドキュメントに対するRead処理
  - —認証ユーザー本人のコレクション・ドキュメントに対するWrite処理
- ・管理者ユーザーができること
  - —Videosコレクション内の全てのVideoドキュメントに対するRead処理
  - —Usersコレクション内の全てのUserドキュメントに対するRead処理
  - —他のユーザーのコレクション・ドキュメントに対するWrite処理

　列挙したこれらの条件を見て、どのユーザーがどのリソースにアクセスできるかというパターンだけでなく、どのユーザーがどのリソースにアクセスできないか、という許可しないパターンの設定も必要なのではないかと思うかもしれません。

　しかし、Firebaseのセキュリティールールでは、許可するパターンだけ用意すれば許可しないパターンは全て自動的に拒否されるようになっています。そのため、最低限のルールさえ記述してしまえばひとまずは安心と言えます。

7.2　セキュリティールールの実装

　ルールの設定はFirebaseのコンソール画面からでも行えますが、Git管理するため設定ファイルに記述してデプロイするという方法を採用します。

　ルールの記述はJavaScriptに似たDSLで、大まかに次のような決まりでルールを記述していきま

86　第7章　セキュリティールール

す。まずは記述内容をみてみましょう。

リスト7.1: firestore.rules

```
 1: service cloud.firestore {
 2:   match /databases/{database}/documents {
 3:     function auth() {
 4:       return request.auth;
 5:     }
 6:
 7:     function isAuthenticated() {
 8:       return auth().uid != null;
 9:     }
10:
11:     function isUserAuthenticated(userId) {
12:       return auth().uid == userId;
13:     }
14:
15:     function isAdmin() {
16:       return exists(/databases/$(database)/documents/admins/$(auth().uid));
17:     }
18:
19:     match /users/{userId} {
20:       allow get: if isAuthenticated();
21:       allow create, update, delete: if isUserAuthenticated(userId) ||
isAdmin();
22:
23:       match /videos/{videoId} {
24:         allow read: if isAuthenticated();
25:         allow create, update, delete: if isUserAuthenticated(userId) ||
isAdmin();
26:       }
27:     }
28:
29:     match /videos/{video} {
30:             allow read: if isAuthenticated();
31:     }
32:   }
33: }
```

ルールの内容は、次の3つがポイントです。順に解説します。

・match文によるドキュメントに対するアクセス権限の指定

第7章　セキュリティールール　87

・関数定義

・allow式によるドキュメントに対する各操作の許可設定

7.2.1 match文によるドキュメントに対するアクセス権限の指定

2行目の`match /databases/\{database}/documents`では、Firestoreのルートパスを指定しており、必ず必要なおまじないのようなものです。

他にも、15行目の`match /users/\{userId}`などでアクセス権限の指定先を決めています。波括弧で囲まれている部分はワイルドカードになっており、ドキュメントのIDなどが入ります。

7.2.2 関数定義

認証済みのユーザーかどうかでアクセスの可否を制御したい場合に、関数定義をすることができます。`function isAuthenticated()`では、セキュリティールール内で使用できる予約語である`request`変数を使って、認証済みかどうかの条件式を関数定義しています。

7.2.3 allow式によるドキュメントに対する各操作の許可設定

認証済み、あるいは管理者ユーザーかどうかの条件式によって、対象のドキュメントに対してRead処理を行うかWrite処理を行うかを`allow`式で定義します。

Read処理には、`get`、`list`とこれらをまとめた`read`があり、Write処理には、`create`、`update`、`delete`とそれら3つをまとめた`write`があります。

7.3 セキュリティールールの本番反映

セキュリティールールを本番環境に反映させるには、記述が完了した設定ファイルをデプロイする必要があります。

リスト7.2: firestore.rules

```
1: firebase deploy --only firestore:rules
```

7.4 セキュリティールールのシミュレーション

ルールが、意図通り動作するかを確認していきましょう。Firebaseでは、Firestoreのコンソール画面から各ルールの動作確認ができる**シミュレーター**という機能が存在します。

図7.1: セキュリティールールのシミュレーター

それでは、このシミュレーターを使って、次のケースのテストを行います。

・未認証ユーザーが、Videosコレクションに対して、GET
　―期待する結果 = GET失敗
・認証ユーザーが、Videosコレクションに対して、GET
　―期待する結果 = GET成功
・管理人ユーザーが、ある別ユーザーのVideosサブコレクション内にあるVideoドキュメントのDELETE
　―期待する結果 = DELETE成功

7.4.1　未認証ユーザーが、Videosコレクションに対して、GETリクエスト

場所というラベルにパスだけ入力し、実行ボタンをクリックします。結果は、失敗で期待通りです。

図 7.2: 未認証ユーザーの Videos コレクションに対するリクエスト結果

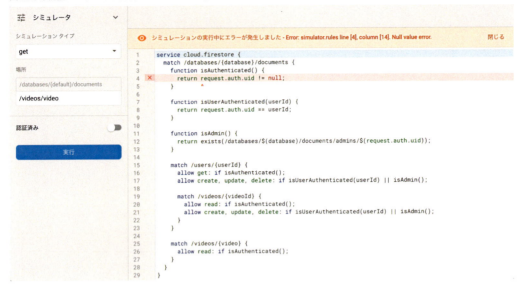

7.4.2 認証ユーザーが、Videos コレクションに対して、GET

認証済みというチェックを ON にして、実行ボタンをクリックします。結果は、成功で、期待通りです。

図 7.3: 認証済みユーザーの Videos コレクションに対するリクエスト結果

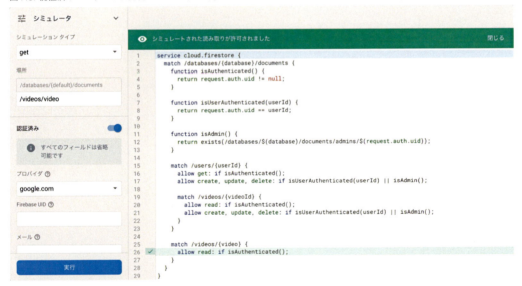

7.4.3　管理人ユーザーが、ある別のユーザーのVideosサブコレクション内にあるVideoドキュメントをDELETE

いくつかフォームに入力する必要があり、順に次のようにフォーム入力して、実行ボタンをクリックします。

- **シミュレーションタイプ**のセレクトボックスから、**delete**を選択します。
- **場所**には、/users/削除対象のユーザーID/videos/任意の文字列
- **認証済み**のチェックをON
- **Firebase UID**というフォームに、管理者ユーザーのIDを入力
- 実行ボタンをクリック

図7.4: 管理人ユーザーによるある別ユーザーのVideoドキュメント削除のリクエスト結果

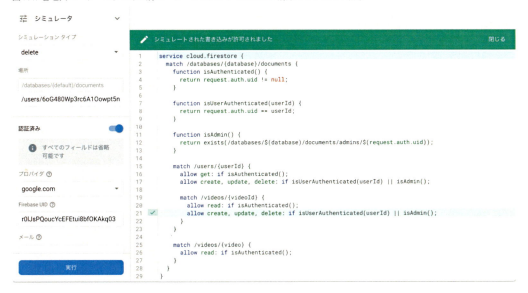

これらが、セキュリティールールを使ったFirebaseのセキュリティー対策になります。

第8章 Reduxの導入とFirebaseとの連携

この章では、Reduxによるステート管理の仕組みを導入しつつ、一部の既存機能をFirebaseとReduxが連携した実装に置き換えていきます。

8.1　なぜReduxを導入するのか？

Redux導入の動機としては、理由は数あれど、要するにコンポーネントの数が増えたときのメンテナンスコストの増加が挙げられます。特にReduxを導入する際のよくある動機として、API通信を行うコンポーネントが増えた時に、非同期処理の実装がいろいろな所に散らばり、メンテナンス性を下げる問題があります。

そのため、ReduxのようなFluxアーキテクチャを元にした状態管理を導入することで、非同期なAPI通信といった一連の関心事を一箇所に集中させ、UIコンポーネントは、本来の責務であるUIのことだけを関心事として持たせ、コードのメンテナンスをより容易にすることが可能です。

8.2　Reduxに登場する重要な概念

ReduxでのUIの状態管理には、いくつかの概念が登場します。

・State
・Store
・Action
・ActionCreator
・Reducer

8.2.1　State

・状態そのもの

8.2.2　Store

・Stateを内部で保持する
・Stateにアクセスするための手段を提供する
　―例:store.getState()
・Stateの更新を通知するための手段を提供する
　―例：store.subscribe
・Stateを更新させる手段を提供する
　―Stageを更新する際に、ActionとReducerが使われる

8.2.3　Action

・Store内部のStateを実際に更新する
・実体は、ただのObject
・オブジェクトには、typeというキーとそれに対する値を必ず含む

8.2.4　Action Creator

・オブジェクトであるActionを関数として生成

8.2.5　Reducer

・現在のStateとActionを受け取り、新しいStateを返す
・実体としては、ただの関数

8.3　ReduxとFirebaseの組み合わせについて

ReduxとFirebaseを連携する場合、基本的にFirebaseとの通信は、非同期処理となります。非同期処理の場合、リクエストからレスポンスまでの時間には、ばらつきがあるため、特にUXの観点から、ローディング処理について考える必要があります。

Reduxで、非同期通信を行う場合は、ミドルウェアをReduxに組み合わせるのがベターです。

今回は、ReduxとFirebaseを連携するためのreact-redux-firebase[1]とredux-firestore[2]というミドルウェアがあるので、それらを使用します。

8.4　react-redux-firebaseの導入とStoreの実装

8.4.1　ライブラリのインストール

次のコマンドで、必要なライブラリのインストール[3]を行って下さい。

```
npm install --save redux react-redux@5.1.1 \
redux-thunk \
react-redux-firebase \
redux-firestore
```

また、Reduxを使って開発を行う際は、コンポーネントの状態遷移をデバッグするための便利なツールがあるので、そちらも導入します。

まずは、redux-devtools-extensionというライブラリをインストールします。

1.https://github.com/prescottprue/react-redux-firebase

2.https://github.com/prescottprue/redux-firestore

3.react-redux-firebase が、react-redux の最新版に対応していないため、react-redux は、2019 年 1 月時点で、最新版の 6 系バージョンではなく、5 系バージョンを使用します。

```
npm install --save-dev redux-devtools-extension
```

次に、Google ChromeのChromeウェブストアから、ブラウザー上で、ReduxのStoreの状態をデバッグするための拡張機能をインストールします。

図8.1: Redux DevTools

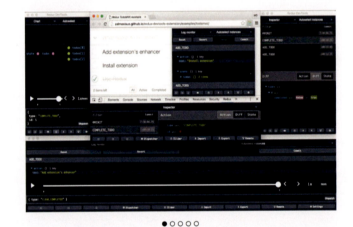

8.4.2 Storeの実装

プロジェクト内のsrcディレクトリー以下にstore.jsを新規作成します。
最初にライブラリのインポート文を実装します。

src/store.js

リスト8.1: 各ライブラリのインポート文宣言

```
1: import { createStore, combineReducers, applyMiddleware } from 'redux';
2: import { composeWithDevTools } from 'redux-devtools-extension';
3: import { reactReduxFirebase, firebaseReducer, getFirebase } from
'react-redux-firebase';
4: import { reduxFirestore, firestoreReducer, getFirestore } from
'redux-firestore';
```

```
5: import thunk from 'redux-thunk';
6: import firebase from './config/firebase';
```

次に、react-redux-firebaseに必要な設定を実装します。

リスト8.2: react-redux-firebase の設定値を定義

```
1: const rrfConfig = {
2:   userProfile: 'users',
3:   useFirestoreForProfile: true
4: }
```

これは、react-redux-firebaseのインスタンスをイニシャライズする際に必要な設定値で、react-redux-firebaseとredux-firestore経由で、ユーザー情報を取得できるようにするための設定です。

次は、全てのReducerのエンドポイントとなるようなReducerを実装します。

リスト8.3: rootReducer

```
1: const rootReducer = combineReducers({
2:   firebase: firebaseReducer,
3:   firestore: firestoreReducer
4: });
```

Reduxで、非同期なState更新を可能にさせるため、Storeに対して、ミドルウェアを適用させます。

リスト8.4: Store へのミドルウェア適用

```
1: const middlewares = [thunk.withExtraArgument({getFirebase, getFirestore})];
2: const middlewareEnhancer = applyMiddleware(...middlewares);
3: const storeEnhancers = [middlewareEnhancer];
```

最後に、外部へエクスポート可能なStoreを実装します。

リスト8.5: Store の生成

```
1: export const store = createStore(
2:   rootReducer,
3:   composeWithDevTools(
4:     ...storeEnhancers,
5:     reactReduxFirebase(firebase, rrfConfig),
6:     reduxFirestore(firebase)
7:   )
8: );
```

第8章 Redux の導入と Firebase との連携 | 95

ここまでの実装をまとめたstore.jsの全体実装は、こちらになります。

リスト8.6: store.js

```
 1: import { createStore, combineReducers, applyMiddleware } from 'redux';
 2: import { composeWithDevTools } from 'redux-devtools-extension';
 3: import { reactReduxFirebase, firebaseReducer, getFirebase } from
'react-redux-firebase';
 4: import { reduxFirestore, firestoreReducer, getFirestore } from
'redux-firestore';
 5: import thunk from 'redux-thunk';
 6: import firebase from './config/firebase';
 7:
 8: const rrfConfig = {
 9:   userProfile: 'users',
10:   useFirestoreForProfile: true
11: }
12:
13: const rootReducer = combineReducers({
14:   firebase: firebaseReducer,
15:   firestore: firestoreReducer
16: });
17:
18: const middlewares = [thunk.withExtraArgument({getFirebase, getFirestore})];
19: const middlewareEnhancer = applyMiddleware(...middlewares);
20: const storeEnhancers = [middlewareEnhancer];
21:
22: export const store = createStore(
23:   rootReducer,
24:   composeWithDevTools(
25:     ...storeEnhancers,
26:     reactReduxFirebase(firebase, rrfConfig),
27:     reduxFirestore(firebase)
28:   )
29: );
30:
```

8.5　コンポーネントとReduxの連携

この節では、実際の画面上に描画されるUIコンポーネントと先ほど実装したStoreを連携し、State
の参照・更新を行うために、Action, Reducerを実装していきます。

具体的には、次の既存機能をReduxとFirebaseを組み合わせた実装に変更します。

96　　第8章　Reduxの導入とFirebaseとの連携

・動画メタデータの一覧取得

・新規ユーザー登録時のFirestoreへのユーザー情報の保存

ReactアプリケーションとReduxを接続するため、まずはindex.jsを変更します。

リスト8.7: アプリケーションとStoreとの接続

```
 1: import React from 'react';
 2: import ReactDOM from 'react-dom';
 3: + import { Provider } from 'react-redux';
 4: + import { store } from './store';
 5: import App from './components/App';
 6: import registerServiceWorker from './registerServiceWorker';
 7:
 8: - ReactDOM.render(<App />, document.getElementById('root'));
 9: + ReactDOM.render(
10: +   <Provider store={store}>
11: +     <App />
12: +   </Provider>,
13: +   document.getElementById('root')
14: + );
15:
16: registerServiceWorker();
17:
```

==Reduxを使用するReactアプリケーションのディレクトリー構造

Redux導入に際して、ActionやReducerなど登場する概念が増えるため、ディレクトリー構造を次のように分けます。

```
- src/
- components
- container
- actions
- reducers
- constants
```

このディレクトリー構造は、Reduxに登場する役割毎にディレクトリーを分けたシンプルな構成にしています。

Reduxのディレクトリー構成には、いろいろなパターンが提唱されており、有名なものだとDucks[4]、Re-ducks[5]というパターンがありますが、今回は割愛します。

4.https://github.com/erikras/ducks-modular-redux

5.https://github.com/alexnm/re-ducks

第8章　Reduxの導入とFirebaseとの連携　97

8.6 動画メタデータの一覧取得

まずはじめに、アクションの種類をconstantsディレクトリー内に、actionTypes.jsとして定義します。

リスト8.8: actionTypes.js

```
1: // Video Actions
2: export const FETCH_VIDEOS = 'FETCH_VIDEOS';
```

actionsディレクトリー内にvideoActions.jsを実装します。

リスト8.9: videoActions.js

```
 1: import { FETCH_VIDEOS } from '../constants/actionTypes';
 2: import firebase from '../config/firebase';
 3:
 4: export const fetchVideos = () => async dispatch => {
 5:   let videos = [];
 6:   const firestore = firebase.firestore();
 7:
 8:   try {
 9:     const querySnapshot = await firestore
10:                                 .collection('videos')
11:                                 .limit(50)
12:                                 .get();
13:
14:     await querySnapshot.forEach(doc => {
15:       videos.push(doc.data());
16:     });
17:
18:     dispatch({ type: FETCH_VIDEOS, payload: { videos } });
19:   } catch (error) {
20:     console.log(error);
21:   }
22: }
```

reducersディレクトリー内に、videoReducer.jsを実装します。

リスト8.10: videoReducer.js

```
1: import { FETCH_VIDEOS } from '../constants/actionTypes';
2:
3: const initialState = [];
4:
```

```
 5: export const fetchVideos = (state, payload) => {
 6:   return payload.videos
 7: }
 8:
 9: export const videosReducer = (state, action) => {
10:   switch (action.type) {
11:     case actionTypes.FETCH_VIDEOS:
12:       return fetchVideos(state, action.payload);
13:   }
14: }
```

このままでも、動作としては問題ないですが、Reducerの数が増える毎に、switch文による定型的な記述が増えていきます。そこで、Reducer内の定型的な実装を簡略するために、reducersディレクトリー以下に、新たにreducerUtil.jsを追加します。

リスト8.11: reducerUtil.js

```
1: export const createReducer = (initialState, fnMap) => {
2:   return (state = initialState, {type, payload}) => {
3:     const handler = fnMap[type]
4:
5:     return handler ? handler(state, payload) : state
6:   }
7: }
```

そして、videoReducer.jsを次のように変更します。

リスト8.12: videoReducer.js

```
 1: + import { createReducer } from './reducerUtil';
 2: import { FETCH_VIDEOS } from '../constants/actionTypes';
 3:
 4: const initialState = [];
 5:
 6: export const fetchVideos = (state, payload) => {
 7:   return payload.videos
 8: }
 9:
10: + export default createReducer(initialState, {
11: +   [FETCH_VIDEOS]: fetchVideos
12: + });
13:
14: - export const videosReducer = (state, action) => {
```

第8章　Reduxの導入とFirebaseとの連携 ┃ 99

```
15: -    switch (action.type) {
16: -      case actionTypes.FETCH_VIDEOS:
17: -        return fetchVideos(state, action.payload);
18: -    }
19: - }
```

reducerUtil.jsのcreateReducerを使うことで、11行目の部分のように、キーにAction名を定義し、バリューにReducer名を追加するだけでよくなります。

ここまでで、Reduxによる状態管理の一連のフローを担う役割の実装が、完了しました。ここからは、UIからReduxのStoreに対する操作ができるように対象のコンポーネントに対して、Reduxと連携するための変更を行います。

containersディレクトリ内に、videosContainer.jsというファイルを追加します。Containerというのは、主にReduxに関するロジックの実装だけされるコンポーネントとして、分けられます。

ここで、別にファイルを分けずとも、画面の表示に使われるコンポーネント内に、Reduxに関するロジックを追加してもよいのではないかという疑問があるかもしれません。これには理由があり、コンポーネントの責務を分離して、実装の可読性や再利用性を向上させるためです。

通常、Reactによるコンポーネント実装は、JSX内で、HTMLやCSSで画面の見た目を実装し、props経由で、コンテンツの表示を行います。しかし、Reduxと連携するための実装は、あくまでロジックのみのため、UIのみに関心を持つPresentational ComponentとReduxとの連携や状態管理などのロジックは、Container Componentとして責務を分けるのが、React・Reduxのプラクティス[6]です。

videosContainer.jsの実装は、次のようになります。

リスト8.13: videosContainer.js

```
 1: import { connect } from 'react-redux';
 2: import { fetchVideos } from '../actions/videoActions';
 3: import VideoFeed from '../components/VideoFeed';
 4:
 5: const mapStateToProps = state => ({
 6:   videos: state.videos
 7: });
 8:
 9: const actions = {
10:   fetchVideos
11: }
12:
13: export default connect(mapStateToProps, actions)(VideoFeed);
```

6.https://medium.com/@dan_abramov/smart-and-dumb-components-7ca2f9a7c7d0

100 | 第8章 Reduxの導入とFirebaseとの連携

次は元々、動画のメタデータ取得をしていたVideoFeed.jsをReduxのAction経由でデータを取得するよう変更します。

リスト8.14: VideoFeed.js

```
 1: import React, { Component } from 'react';
 2: import firebase from 'firebase/app';
 3: import 'firebase/firestore';
 4: import VideoPlayer from './VideoPlayer';
 5:
 6: class VideoFeed extends Component {
 7: -   constructor(props) {
 8: -     super(props);
 9: -
10: -     this.state = { videos: [] }
11: -   }
12: -
13: -   async componentDidMount() {
14: -     const datas = [];
15: -     const collection = await firebase.firestore()
16: -                         .collection('videos')
17: -                         .limit(50);
18: -     const querySnapshot = await collection.get();
19: -
20: -     await querySnapshot.forEach(doc => {
21: -       datas.push(doc.data());
22: -     });
23: -
24: -     this.setState({ videos: datas });
25: + componentDidMount() {
26: +   this.props.fetchVideos();
27:   }
28:
29:   renderVideoPlayers(videos) {
30:     return videos.map(video => {
31:       return (
32:         <VideoPlayer key={video.name} video={video} />
33:       );
34:     });
35:   }
36:
37:   render() {
```

第8章　Reduxの導入とFirebaseとの連携　101

```
38: -   const { classes } = this.props;
39: +   const { classes, videos } = this.props;
40:
41:     return (
42:       <div>
43: -       {this.renderVideoPlayers(this.state.videos)}
44: +       {this.renderVideoPlayers(videos)}
45:       </div>
46:     );
47:   }
48: }
49:
50: export default VideoFeed;
```

　ReduxにロジックをFirebaseことで、componentDidMount()で、直接Firebaseとの通信処理を書いていたのが、不要となり実装が、シンプルになります。最後に、ルーティング先のコンポーネントをVideosContainer.jsに変更します。

リスト8.15: App.js

```
 1: import React, { Component } from 'react';
 2: import { BrowserRouter as Router, Route, Switch } from 'react-router-dom'
 3: import firebase from 'firebase/app';
 4: import 'firebase/firestore';
 5: import config from '../config/firebase-config';
 6:
 7: // import Application Components
 8: import Header from './Header';
 9: - import VideoFeed from './VideoFeed';
10: + import VideosContainer from '../container/videosContainer';
11: import VideoUpload from './VideoUpload';
12:
13: class App extends Component {
14:   constructor() {
15:     super();
16:
17:     // Initialize Firebase
18:     firebase.initializeApp(config);
19:     firebase.firestore().settings({ timestampsInSnapshots: true });
20:   }
21:
22:   render() {
```

```
23:     return (
24:       <Router>
25:         <div className="App">
26:           <Header />
27:           <Switch>
28: -           <Route exact path="/" component={VideoFeed} />
29: +           <Route exact path="/" component={VideosContainer} />
30:             <Route path="/upload" component={VideoUpload} />
31:           </Switch>
32:         </div>
33:       </Router>
34:     );
35:   }
36: }
37:
38: export default App;
```

　ここまでの実装が完了していれば、Redux経由で、動画メタデータの一覧取得されるようになり、Redux DevToolsの方からも、実際にメタデータ取得のActionが発行されていることが確認できます。

図8.2: Redux DevToolsによる確認

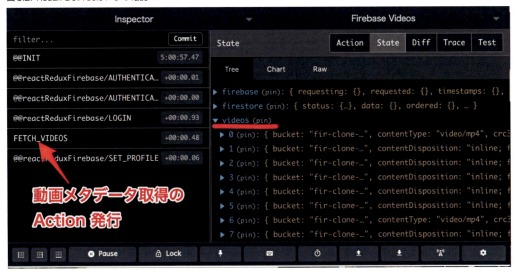

8.7　ユーザー認証

　この節では、Redux経由で、認証ユーザーのデータを取得するように変更します。動画メタデー

タの取得時と同様、Redux経由の場合は、認証ユーザーのデータ取得用に、ActionとReducerを用意する必要があります。

しかし、今回のようなユーザー認証に関する場合は、react-redux-firebaseを導入しているため、必要となる記述は、Reduxと連携させるためのContainer Componentを用意するだけで十分となります。

リスト8.16: authContainer.js

```
1: import { connect } from 'react-redux';
2: import NavigationItem from '../components/NavigationItem';
3:
4: const mapStateToProps = state => ({
5:   auth: state.firebase.auth,
6:   profile: state.firebase.profile
7: });
8:
9: export default connect(mapStateToProps)(NavigationItem);
```

ユーザーの認証状態によって、ヘッダー部分の表示を出し分けるため、Header.jsから、先程作成したAuthContainer.jsを呼び出します。

リスト8.17: HeaderコンポーネントからAuthContainer を呼び出す

```
 1: import React, { Component } from 'react';
 2: import { Link } from 'react-router-dom';
 3: import PropTypes from 'prop-types';
 4: import { withStyles } from '@material-ui/core/styles';
 5: import AppBar from '@material-ui/core/AppBar';
 6: import Toolbar from '@material-ui/core/Toolbar';
 7: import Typography from '@material-ui/core/Typography';
 8: - import NavigationItem from './NavigationItem';
 9: + import AuthContainer from '../containers/authContainer';
10:
11: // 中略
12:
13: class Header extends Component {
14:   render() {
15:     const { classes } = this.props;
16:
17:     return (
18:       <div className={classes.root}>
19:         <AppBar position="static" color="primary">
20:           <Toolbar>
```

104 | 第8章　Reduxの導入とFirebaseとの連携

```
21:             <Typography variant="title" color="inherit" className={classes.flex}>
22:                 <Link to="/" className={classes.link}>Firebase Videos</Link>
23:             </Typography>
24: -           <NavigationItem />
25: +           <AuthContainer />
26:           </Toolbar>
27:         </AppBar>
28:       </div>
29:     );
30:   }
31: }
32:
33: // 中略
```

認証の有無によって、表示するボタンを実際に出し分けるNavigationItemを次のように変更します。

リスト 8.18: Props経由で渡された認証データを使用する

```
 1: // 中略
 2:
 3: class NavigationItem extends Component {
 4: -   constructor(props) {
 5: -     super(props);
 6: -
 7: -     this.state = {
 8: -       isLogin: false,
 9: -       user: null,
10: -     }
11: -   }
12: -
13: -   componentDidMount() {
14: -     firebase.auth().onAuthStateChanged(user => {
15: -       if (user) {
16: -         this.setState({ isLogin: true, user: user });
17: -       } else {
18: -         this.setState({ isLogin: false, user: null });
19: -       }
20: -     });
21: -   }
22: -
```

第8章 Reduxの導入とFirebaseとの連携 | 105

```
23:    renderAuthButton = () => {
24:      return (
25:        <AuthButton />
26:      );
27:    }
28:    renderUserItem = user => {
29:      return (
30:        <UserItem user={user} />
31:      );
32:    }
33:
34:    render() {
35: -    if (this.state.isLogin) {
36: -      return this.renderUserItem(this.state.user);
37: +    const { auth, profile } = this.props;
38: +    const authenticated = auth.isLoaded && !auth.isEmpty;
39: +
40: +    if (authenticated) {
41: +      return this.renderUserItem(profile);
42:      } else {
43:        return this.renderAuthButton();
44:      }
45:    }
46: }
47: export default NavigationItem;
```

　ライフサイクルメソッドのcompoentWillMount()内で、認証チェックを行っていましたが、Redux
を使用しているため、props経由で、認証データを取得できるようになりました。そのため、ロー
カルステートも不要になり、このコンポーネントの実装がスッキリしました。

　これで、NavigationItemコンポーネントは最早、ライフサイクルメソッドを使用せず、状態管理
も行わないシンプルなコンポーネントになりました。そのため、Classベースから、関数ベースのコ
ンポーネントに変更します。

リスト8.19: 関数ベースのコンポーネントに変更

```
1: import React from 'react';
2: import UserItem from './UserItem';
3: import AuthButton from './AuthButton';
4:
5: const NavigationItem = props => {
6:   const { auth, profile } = props;
7:   const authenticated = auth.isLoaded && !auth.isEmpty;
```

```
 8:
 9:   const renderAuthButton = () => {
10:     return (
11:       <AuthButton />
12:     );
13:   }
14:
15:   const renderUserItem = user => {
16:     return (
17:       <UserItem user={user} />
18:     );
19:   }
20:
21:   return (
22:     authenticated ? renderUserItem(profile) : renderAuthButton()
23:   );
24: }
25:
26: export default NavigationItem;
```

　この章の内容はここまでとなります。最後に、Redux と `react-redux-firebase` を導入した結果、得られるメリットについて、改めて、まとめます。

8.7.1　Reduxのメリット

- UIと状態管理などのロジックの責務を分離できるため、各コンポーネントが、単一責任の原則を満たしやすくなる
- Reduxを使用している場合、どのコンポーネントからでもStoreが参照できるため、コンポーネントの数が増えて、各コンポーネント間でデータを受け渡す際のpropsによるバケツリレーを回避できる
- 状態遷移の履歴が、Storeから確認できるため、デバッグを効率的に行うことができる

8.7.2　react-redux-firebaseのメリット

- ReduxのStoreに対して、ミドルウェアとして追加するだけで、ReduxとFirebaseとの連携が可能となる
- 認証データやFirestoreのデータの取得は、自前で、ActionやReducerを用意せずとも、ReduxのStoreからprops経由で取得が可能
- Firebaseとの通信が成功・失敗した時に便利なローディング用のフラグがprops経由で、用意されている

おわりに

　最後までお読みいただきありがとうございます。本書では、単純なアプリケーションの開発ではありましたが、Firebaseのいくつかの主要な機能のエッセンスを取り入れて開発を進めていきました。

　Firebase自体はまだまだ未熟な技術ではありますが、今後のWeb開発に大きな影響を与えうるサービスだと思っています。現在のWeb業界は、正にクラウド全盛時代ともいえ、自前で、0から機能を開発するのではなく、クラウドベンダーが提供する各サービスを組み合わせて、アプリケーションを開発していくことが、主な開発手法になっています。

　その上で、Firebaseというサービスは、アプリケーションを開発する上での主要な機能をかなり抽象化した形で、提供する時代を先取りしたサービスと言えます。もちろんFirebaseが、**銀の弾丸**というわけではありませんが、スタートアップや個人開発といったシーンで利用するサービスとしては、今後成長をしていく可能性は大きいと考えています。

ご意見・フィードバック

- Twitter: https://twitter.com/YuxBeta
- Email: tazitaziawawa@gmail.com
- 匿名フォーム: https://goo.gl/forms/1rojiGwqQF7BiXM93

Spacial Thanks

- 同サークルのわみさん、下畑さん
- ギークハウスの皆さん

著者紹介

小島 佑一（こじま ゆういち）

Railsに飽きてきたので、プライベートや業務を含め、React, Vueなどのフロントエンドまわりをやるようになった意識低い系エンジニア。インフラまわりが弱いエンジニアでも、迅速にサービスを構築できる可能性を秘めたFirebaseに夢中になり、現在は、Firebaseを用いたサーバーレスな構成の新規プロダクトを開発中。

◎本書スタッフ
アートディレクター/装丁：岡田章志＋GY
編集協力：飯嶋玲子
デジタル編集：栗原 翔

〈表紙イラスト〉
高野 佑里（たかの ゆり）
嵐のごとくやって来た爆裂カンフーガール。本業はGraphicとWebのデザイナー。クライアントと一緒に作っていくイラスト、デザインが得意。FirebaseやNetlifyなど人様のwebサービスを勝手に擬人化しがち。Twitter：@mazenda_mojya

技術の泉シリーズ・刊行によせて
技術者の知見のアウトプットである技術同人誌は、急速に認知度を高めています。インプレスR&Dは国内最大級の即売会「技術書典」（https://techbookfest.org/）で頒布された技術同人誌を底本とした商業書籍を2016年より刊行し、これらを中心とした『技術書典シリーズ』を展開してきました。2019年4月、より幅広い技術同人誌を対象とし、最新の知見を発信するために『技術の泉シリーズ』へリニューアルしました。今後は「技術書典」をはじめとした各種即売会や、勉強会・LT会などで頒布された技術同人誌を底本とした商業書籍を刊行し、技術同人誌の普及と発展に貢献することを目指します。エンジニアの"知の結晶"である技術同人誌の世界に、より多くの方が触れていただくきっかけになれば幸いです。

株式会社インプレスR&D
技術の泉シリーズ　編集長 山城 敬

●お断り
掲載したURLは2019年3月1日現在のものです。サイトの都合で変更されることがあります。また、電子版ではURLにハイパーリンクを設定していますが、端末やビューアー、リンク先のファイルタイプによっては表示されないことがあります。あらかじめご了承ください。
●本書の内容についてのお問い合わせ先
株式会社インプレスR&D　メール窓口
np-info@impress.co.jp
件名に『本書名』問い合わせ係」と明記してお送りください。
電話やFAX、郵便でのご質問にはお答えできません。返信までには、しばらくお時間をいただく場合があります。
なお、本書の範囲を超えるご質問にはお答えしかねますので、あらかじめご了承ください。
また、本書の内容についてはNextPublishingオフィシャルWebサイトにて情報を公開しております。
https://nextpublishing.jp/

●落丁・乱丁本はお手数ですが、インプレスカスタマーセンターまでお送りください。送料弊社負担 てお取り替え
させていただきます。但し、古書店で購入されたものについてはお取り替えできません。
■読者の窓口
インプレスカスタマーセンター
〒101-0051
東京都千代田区神田神保町一丁目 105番地
TEL 03-6837-5016／FAX 03-6837-5023
info@impress.co.jp
■書店／販売店のご注文窓口
株式会社インプレス受注センター
TEL 048-449-8040／FAX 048-449-8041

技術の泉シリーズ

Firebaseによるサーバーレスシングルページアプリケーション

2019年5月24日　初版発行Ver.1.0（PDF版）

著　者　小島 佑一
編集人　山城 敬
発行人　井芹 昌信
発　行　株式会社インプレスR&D
　　　　〒101-0051
　　　　東京都千代田区神田神保町一丁目105番地
　　　　https://nextpublishing.jp/
発　売　株式会社インプレス
　　　　〒101-0051　東京都千代田区神田神保町一丁目105番地

●本書は著作権法上の保護を受けています。本書の一部あるいは全部について株式会社インプレスR&Dから文書による許諾を得ずに、いかなる方法においても無断で複写、複製することは禁じられています。

©2019 Yuichi Kojima. All rights reserved.
印刷・製本　京葉流通倉庫株式会社
Printed in Japan

ISBN978-4-8443-9899-8

NextPublishing®

●本書はNextPublishingメソッドによって発行されています。
NextPublishingメソッドは株式会社インプレスR&Dが開発した、電子書籍と印刷書籍を同時発行できるデジタルファースト型の新出版方式です。https://nextpublishing.jp/